云南省哲学社会科学创新团队成果文库

环境容量产权理论与应用

Theory and Application of Property Rights on Environmental Capacity

陈国兰 著

社会科学文献出版社
SOCIAL SCIENCES ACADEMIC PRESS(CHINA)

《云南省哲学社会科学创新团队成果文库》编委会

主 任 委 员：张瑞才

副主任委员：江　克　余炳武　戴世平　宋月华

委　　　员：李　春　阮凤平　陈　勇　王志勇
　　　　　　蒋亚兵　吴绍斌　卜金荣

主　　　编：张瑞才

编　　　辑：卢　桦　金丽霞　袁卫华

《云南省哲学社会科学创新团队成果文库》编辑说明

《云南省哲学社会科学创新团队成果文库》是云南省哲学社会科学创新团队建设中的一个重要项目。编辑出版《云南省哲学社会科学创新团队成果文库》是落实中央、省委关于加强中国特色新型智库建设意见，充分发挥哲学社会科学优秀成果的示范引领作用，为推进哲学社会科学学科体系、学术观点和科研方法创新，为繁荣发展哲学社会科学服务。

云南省哲学社会科学创新团队2011年开始立项建设，在整合研究力量和出人才、出成果方面成效显著，产生了一批有学术分量的基础理论研究和应用研究成果，2016年云南省社会科学界联合会决定组织编辑出版《云南省哲学社会科学创新团队成果文库》。

《云南省哲学社会科学创新团队成果文库》从2016年开始编辑出版，拟用5年时间集中推出100本云南省哲学社会科学创新团队研究成果。云南省社科联高度重视此项工作，专门成立了评审委员会，遵循科学、公平、公正、公开的原则，对申报的项目进行了资格审查、初评、终评的遴选工作，按照"坚持正确导向，充分体现马克思主义的立场、观点、方法；具有原创性、开拓性、前沿性，对推动经济社会发展和学科建设意义重大；符合学术规范，学风严谨、文风朴实"的标准，遴选出一批创新团队的优秀成果，根据"统一标识、统一封面、统一版式、统一标准"的总体要求，组织出版，以达到整理、总结、展示、交流，推动学术研究，促进云南社会科学学术建设与繁荣发展的目的。

编委会
2017年6月

前　言

自 20 世纪 90 年代联合国环境与发展大会（UNCED）召开以来，有识之士倡导的人类"只有一个地球"（Only one earth）的观点就成为一种共识而深入人心，这其中蕴含着人类赖以生存的环境的有限性理念，亦启示我们从"环境容量"的视角来认识人类发展。

改革开放以来，我国在经济发展方面提交了一份满意的答卷，国内生产总值由 3679 亿元增长到 2019 年的 99.1 万亿元，年均实际增长 9.5% 左右，远高于同期世界经济 2.9% 左右的年均增速，国内生产总值占世界生产总值的比重由改革开放之初的 1.8% 上升到 15% 左右，多年来对世界经济增长贡献率超过 30%。GDP 总量已超过日本，成为仅次于美国的世界第二大经济体。但令人尴尬的是，我们不得不承认，我国的经济增长一定程度上是依靠过量消耗资源和环境取得的，其中包括对环境容量资源的过度消耗，直接的后果就是日益严峻的环境污染。《2019 年中国环境状况公报》显示，337 个地级及以上城市环境空气质量达标率仅为 46.6%；在开展了降水监测的 469 个城市（区、县）中，酸雨频率平均为 10.2%，出现酸雨的城市比例为 33.3%。水环境污染严重，在 1931 个国控地表水水质断面（点位）中，有 25.1% 断面的水质超过Ⅲ类标准（不能做饮用水源），在全国 10168 个国家级地下水水质监测点中，Ⅳ类和Ⅴ类水占比达到 85.7%，生态环境质量"优"和"良"的县域面积仅占国土面积的 44.7%。全国耕地平均质量总体偏低，根据第一次全国水利普查成果，全国土壤侵蚀总面积 294.9 万平方千米，占普查总面积的 31.1%，资源环境问题已成为制约我国可持续发展最大的瓶颈。

我国政府早已注意到这种"增长的代价",党的十七大报告提出"必须把建设资源节约型和环境友好型社会放在工业化、现代化发展战略的突出位置",以促进国民经济又好又快发展。党的十八大更将生态文明建设纳入中国特色社会主义建设"五位一体"的总体布局中,为建设"美丽中国",实现中华民族永续发展,提出了一系列的政策倡导。党的十九大首次明确将"美丽"作为建设社会主义现代化强国的目标和标志之一,2018年"两会"期间,生态文明被写入宪法,生态环境部已经挂牌,生态文明领域的基础性关键性改革正在推进,开启了生态文明建设的新时代。然而,经济增长带来的环境积弊,非朝夕可除,虽然国家每年投入巨资进行生态建设和环境保护,据预测,"十三五"期间各类环保投入将超过10万亿元,但环境质量依然难以得到根本性扭转,部分地区环境质量甚至每况愈下。这不得不促使我们深思:造成环境污染的根本原因是什么?为什么持之以恒的污染治理和投入难以扭转环境质量恶化的趋势?现行的环境制度和治理手段为什么对有些排污企业和环境损害行为缺乏有效的制度约束力?

笔者认为,一个重要原因在于,缺乏将环境容量资源外部性内在化的有效制度安排,使得环境容量资源被过度使用造成公地悲剧,其中产权制度是一个重要方面。鉴于上述,本书把环境容量视为一种有限资源,从制度构建的层面将产权理论、博弈理论引入分析框架,通过阐释环境容量概念的本质特征和环境容量产权制度的一般理论,并在总结以往环境治理理论和实践的基础上,提出我国环境容量产权制度构建的优化路径和改革思路。主要研究结论有如下几点。

环境容量产权主体的长期缺位,造成了环境容量资源利用过程中公地悲剧的出现,成为环境质量恶化的根本原因。随着环境容量稀缺性和外部性的日益凸显,环境容量资源作为经济资源的属性必须得到重视,也必须将其作为一种经济资源利用才能得到有效配置。确立产权是利用市场机制有效配置环境资源的一个重要前提，能够矫正环境容量资源的低成本甚至无成本使用。因此，通过建构环境容量资源的产权制度来实现环境容量资源的有效配置应是消除环境外部性的重要手段，是将市场机制引入我国环境治理领域的变革取向。

环境容量产权交易作为一种以市场机制为基础的经济激励政策，与传统的行政命令控制型手段及庇古手段相比，具有成本和效用方面的显著优势，应成为依托市场机制解决环境问题的一个有效途径。环境容量产权交易对于污染治理的效用主要体现在：一是由于企业的减排成本有差异，环境容量产权交易有利于企业发挥比较优势，将污染削减发生在边际减排成本低的同类企业中，从而使整个社会以较低的成本实现减排。二是环境容量产权交易通过诱发技术创新或变更生产要素实现环境容量供给的"扩容"，从而扩大资源基础存量，缓解环境容量资源的稀缺压力。三是统筹兼顾各方利益，有效规范和协调不同利益主体之间的关系，从而有利于环境资源的公平分配和公正利用，促进社会公平。

伴随着市场经济的完善，中国已经在一定程度上具备了实施环境容量产权交易的条件和基础，在环境容量资源稀缺性和外部性日益凸显的现实背景下，环境容量产权明晰的收益迅速增加。因此，更要充分发挥市场在配置环境容量资源上的决定性作用，通过明晰环境容量产权，公开定价、有偿使用和市场交易，推动环境容量产权逐步从共有产权向排他性产权转变。这是我国环境容量产权制度改革应遵循的路径，也是破解环境资源危机的有效策略。

目 录

第一章 导 论 ··· 001
 第一节 问题的提出 ·· 001
 第二节 研究目的及意义 ·· 008
 第三节 国内外研究综述及相关述评 ·· 010
 第四节 环境产权、环境资源产权与环境容量产权 ······················· 024
 第五节 研究内容、逻辑结构及研究方法 ··································· 029
 第六节 技术路线 ··· 031
 第七节 特色与创新之处 ·· 032

第二章 产权理论与环境容量产权 ··· 034
 第一节 环境的双重价值及其功能 ··· 034
 第二节 环境容量的概念及内涵 ··· 040
 第三节 产权理论及分析逻辑 ·· 051
 第四节 环境容量产权 ··· 057
 第五节 环境容量产权制度 ··· 061
 第六节 本章小结 ··· 065

第三章 博弈论视角下环境污染的制度分析 ·································· 067
 第一节 环境容量产权的共有特征及界定的困难 ························ 067

第二节　公地悲剧——环境污染的根本原因 …………………… 069
第三节　对环境容量产权过度使用的实证分析 …………………… 075
第四节　制度创新——环境与经济共生的必由之路 ……………… 091
第五节　本章小结 …………………………………………………… 094

第四章　环境容量产权的价格、市场与效用 ……………………… 096
第一节　总量控制——环境容量产权市场产生的前提 …………… 096
第二节　环境容量产权价格的形成 ………………………………… 106
第三节　总量控制下环境容量产权交易制度的效用分析 ………… 109
第四节　本章小结 …………………………………………………… 118

第五章　环境容量产权确立与交易的实践进程 …………………… 119
第一节　环境容量产权在中国的确立 ……………………………… 119
第二节　环境容量产权交易的实践进展 …………………………… 126
第三节　中国环境容量产权制度的评价 …………………………… 144
第四节　本章小结 …………………………………………………… 145

第六章　环境容量产权改革的动因分析、路径选择及制度设计 …… 147
第一节　动因分析 …………………………………………………… 147
第二节　路径选择 …………………………………………………… 155
第三节　制度设计 …………………………………………………… 157
第四节　本章小结 …………………………………………………… 162

第七章　主要结论、政策建议 ……………………………………… 164
第一节　主要结论 …………………………………………………… 164
第二节　政策建议 …………………………………………………… 168

参考文献 ……………………………………………………………… 174

第一章

导 论

第一节 问题的提出

背景1：环境容量作为公共物品的属性长期没有产权，环境容量的低成本或无成本使用导致环境资源的加速损耗

改革开放以来，我国以市场为导向的经济社会发展取得了巨大成就，社会主义市场经济体制初步建立，作为其核心的决定资源配置基本制度的产权制度，也进行了相应的改革与发展，为我国国民经济的快速发展增添了活力。目前，我国财产类型日益增多，知识、商标、专利等无形资产在财产中的比重逐渐增大，个体、私营、外资等非公有资本和城乡居民私有财产快速增长，产权的类型也由原来较为单一的公有产权向包括公有产权、私有产权以及各种形式的混合所有制产权在内的多元化产权发展。2007年我国颁布施行的《物权法》，成为产权制度发展的一大重要里程碑，为建立"归属清晰、权责明确、保护严格、流转顺畅"的现代产权制度迈出了重要一步。然而，由于受"狭隘产权观"以及根深蒂固的"产权实物观"的影响，资源环境产权制度尤其是环境产权制度长期以来成为一个被忽视的问题。[①] 环境领域的产权一直没有理顺。

环境是影响人类生存及发展的各种天然的和经过人工改造的自然因素

---

① 常修泽：《资源环境产权制度及其在我国的切入点》，《宏观经济管理》2008年第9期。

的总体，包括大气、水、土地、海洋、草原、森林、湿地、自然保护区等。我国宪法规定："矿藏、水流、森林、山岭、草原、荒地、滩涂等自然资源，都属于国家所有，即全民所有；由法律规定属于集体所有的森林和山岭、草原、荒地、滩涂除外。"由此可见，我国的环境资源主要是国家所有和集体所有两种形式，其中大部分为全民所有，由政府作为全体国民的代理人，行使对环境资源的管理。从表面上看，产权主体是清晰的。但由于在实际管理中，每个公民都无法对环境资源行使真正意义上的产权，而由政府通过层层代理的形式，使国家所有的环境及资源转变为部门所有或地方所有，在信息不完全、地方政府有限理性、政府失灵等现实条件下，使得环境容量的产权虚置或产权主体缺位，所有权的行使被异化，国家的所有权实际上被架空，产权本应有的排他性没有得到体现，从而使部分环境资源事实上处于开放状态，造成"公地悲剧"的出现。

产权经济学认为，资源的市场价格是资源的产权价格，只有在产权明晰的情况下，资源的市场价格才会等于相对价格。[①] 由于环境资源产权主体虚置或不清晰，市场中存在着没有界定清楚的权利边界，导致环境容量资源的市场价格与相对价格的不一致，因此，市场主体的私人成本与社会成本、私人收益与社会收益就不相一致。具体表现在，提供生态产品的行为由于没有获得相对称的收益，生态建设和环境保护的行为没有获得应有的激励，因此缺乏提供生态产品的积极性而导致生态产品供给不足。而那些造成环境污染或享受生态环境外溢效应的受益者却没有支付相应的费用，将本应由私人承担的成本转嫁到社会当中，普遍存在投机与搭便车的心理，造成了对环境资源的过度使用，环境问题的外部性日益凸显。因此，环境问题的产生很大程度上不是因为人与自然的关系没有处理好，而是人与人之间的关系没有处理好，在市场主体中没有形成责任、权利和义务相匹配的环境利用机制。

虽然我国早在20世纪80年代就确定了环境保护的基本国策，各级政

---

① 马中、蓝虹：《产权、价格、外部性与环境资源市场配置》，《价格理论与实践》2003年第11期。

府都把环境保护放在重要的战略位置,确立了建设资源节约型和环境友好型社会,推进生态文明建设,走全面、协调、可持续发展的科学道路,政府每年投入巨资进行生态建设和环境保护,预计"十三五"期间各类环保投入将超过 10 万亿元,但我国环境质量并没有得到明显改善。习近平总书记在全国生态环境保护大会上指出:"总体上看,我国生态环境质量持续好转,出现了稳中向好趋势,但成效并不稳固,稍有松懈就有可能出现反复,犹如逆水行舟,不进则退。"① 我国环境质量的恶化,除了跟经济规模增加、工业化、城镇化的深入推进对资源环境的消耗增加等原因外,其中一个重要原因是缺乏一个将环境外部性内在化的良好制度安排,现有的产权制度使得环境贡献者和环境受益者间的付出和收益不对称,没有为生态产品的行为提供有效的激励,污染者没有动力进行技术更新、节能环保,从而很大程度上助长了环境破坏行为,导致污染物过度排放,环境污染迅速超过了资源环境承载能力而使得环境质量加速恶化。这正是我国环境问题屡禁不止,甚至在一定程度上愈演愈烈的重要原因。

背景 2:环境容量由免费物品变成了稀缺资源,日渐凸显的稀缺性成为可持续发展的约束瓶颈

环境作为人类赖以生存的客观载体,是以人为中心而建构起来的整个自然与社会大系统有机融合的统称。人作为环境的产物,在生存与发展进程中形成既依存于环境,又主宰着环境的双重角色。

人类的发展就是一个认识自然、改造自然的演进过程。任何人类的生产生活都是在与大自然相互作用过程中展开的。回顾人类活动的环境足迹,在每一次辉煌灿烂的人类文明背后,都留下了不可磨灭的环境印记。在原始社会和农业社会时代,人类生产生活对自然的扰动较小,环境容量资源极其充裕。然而进入工业社会以来,人口急剧膨胀,人类开始无穷无尽地向自然索取资源,肆无忌惮地倾倒垃圾,人类活动规模和强度已超出了资源环境的承载能力,对自然造成了极为严重的破坏和影响,由此导致

---

① 习近平:《推动我国生态文明建设迈向新台阶》,《求是》2019 年第 3 期。

了资源环境危机不断出现,全球气候变暖、臭氧层的耗损与破坏、生物多样性锐减、酸雨蔓延、森林面积不断减少、水污染、大气污染以及土地荒漠化等环境问题集中出现,已成为制约经济发展、危害公众健康以及影响社会稳定的重大问题,人类不得不反思自己的行为并采取积极行动加以遏制,以谋求人与自然的和谐发展。1962年卡尔逊的《寂静的春天》一书问世,唤醒了全球环境意识;1975年罗马俱乐部出版的《增长的极限》提出了人类必须零增长以保护我们赖以生存的地球;1987年挪威前首相布伦特兰夫人领导的世界环境与发展委员会的研究报告《我们共同的未来》(Our Common Future)文本中,提出了可持续发展(Sustainable Development)的时代理念。1992年6月在巴西里约热内卢召开了第二届"联合国环境与发展会议"(UNCED),该会议认真总结了自1972年"联合国人类环境会议"(UNCHE)以来全球环境所呈现的基本状况,并针对未来发展形势,通过了《21世纪议程》(Agenda 21)等一系列重要文献,并成立了可持续发展委员会。

就我国来说,改革开放以来,我国经济发展取得了举世瞩目的成就,国内生产总值从1978年的3679亿元增长到2019年的99.1万亿元,年均实际增长9.5%左右,远高于同期世界经济2.9%左右的年均增速。国内生产总值占世界生产总值的比重由改革开放之初的1.8%上升到15%左右,多年来对世界经济增长贡献率超过30%。GDP总量已超过日本,成为仅次于美国的世界第二大经济体。然而,我国也为此付出了沉重的环境代价,造成了日益严峻的生态环境危机,发达国家一两百年间逐步出现的环境问题在我国集中显现,呈现明显的结构型、压缩型、复合型特点,环境质量总体不断恶化。《2019年中国环境状况公报》显示,大气环境质量方面,337个地级及以上城市环境空气质量达标率仅为46.6%;469个监测降水的城市(区、县),酸雨频率平均为10.2%,酸雨区面积约47.4万平方千米,占国土面积的5.0%。水环境污染严重,七大流域和浙闽片河流、西北诸河、西南诸河监测的1610个水质断面中,有20.9%的断面的水质超过Ⅲ类标准(不能做饮用水源),湖泊(水库)富营养化问题突出,在监测水质的110个重要湖泊(水库)中,有30.9%的水质超过Ⅲ类标准。

107个监测营养状态的湖泊（水库）中，轻度及中度富营养化状态的占28%。在全国10168个国家级地下水水质监测点中，Ⅳ类和Ⅴ类水占比达到85.7%。每年年初，严重的雾霾天气让许多人饱受呼吸之殇。因此，让全社会以一种更加直接的方式感受到呼吸上新鲜的空气、饮用到干净的水已成了奢望，更加深刻地体会到环境污染的严重性和加强环境保护的迫切性。根据2018年水土流失动态监测结果，全国水土流失面积273.69万平方千米，耕地污染严重。资源环境问题已成为制约我国可持续发展最大的瓶颈。

目前我国频繁出现的各种环境问题就是环境资源稀缺性日益凸显的直接表现。

未来一段时期，随着我国工业化和城镇化深入推进，我国环境保护面临更大的压力。中国不仅要解决环境污染和生态破坏遗留的历史欠账、避免爆发大的污染和生态破坏事故、维持基本的生态环境质量，还要应对经济社会快速发展所带来的环境压力，大力发展低碳经济。一是资源约束趋紧，环境污染严重。一方面，我国资源禀赋条件较差，多数资源人均占有量远低于世界平均水平，人均淡水资源仅为世界平均水平的1/4，人均耕地资源不到世界平均水平的40%，人均森林面积不足世界人均占有量的1/4，45种主要矿产资源人均储量不到世界平均水平的一半，石油、天然气、铁矿石、铜和铝土矿等重要矿产资源人均储量分别为世界人均水平的11%、4.5%、42%、18%和7.3%。另一方面，资源利用率低，资源消耗强度与世界先进水平相比还有较大差距，钢铁、有色、电力、化工等8个行业单位平均能耗比世界先进水平高40%以上，工业用水重复利用率、矿产资源总回收率低20个百分点左右。我国经济每创造1美元所消耗掉的能源，大约是西方工业七国平均的5.9倍，美国的4.3倍，是德国或法国的7.7倍，是日本的11.5倍。[①] 二是污染物排放量可能大幅度增加，生态环境质量改善难度大。中国正处于重化工业阶段的加速期，高能耗的产业还将占一定比重，我国冶金、电力、化工、有色、水泥等行业的万元GDP能

---

① 江南：《长三角：跻身世界城市群六强还须再过五关》，《江南论坛》2005年第1期。

耗与世界先进水平相比差距很大。未来一段时期，我国原材料工业和基础工业仍将保持相对增长态势，资源与环境压力还将继续加大。四是我国城镇化正深入推进，中国平均每年净增城市人口1500万人，随之而来的城市生活污水和垃圾产生量、城市机动车污染物排放量将大幅增加。城市环境质量改善任务艰巨，人口密集区空气质量改善压力巨大。面源污染难以得到有效遏制，农村生态环境问题将更加突出。三是国际环保压力持续增大。目前，在应对气候变化和环境危机的背景下，全球环境治理中关于责任与义务问题的争论和博弈日益激烈，全球范围内环境保护已呈现国际制度化趋势，全球环境公约、议定书或协定对发展中国家的约束趋紧。中国作为世界第二大经济体和第一人口大国，加之经济高速发展以及以化石燃料为主的能源结构，导致我国温室气体排放总量大、增速快。目前，我国已经超过美国成为最大的温室气体排放国，受到的国际压力也越来越大。中国已经缔约或签署了约50项国际环境公约，履约任务十分繁重。

以上出现的种种环境问题，正是环境容量资源稀缺性凸显的一种外在表现。在此背景下，生态环境资源的经济属性发生了根本变化：由免费的公共品转变成稀缺资源，并且这种稀缺资源随着人类需求的发展越来越凸显其稀缺性。[①] 当前，我国工业化、城镇化的加速推进，环境资源的稀缺性特征还将进一步凸显，将成为我国可持续发展的最大约束瓶颈。

背景3：系统完整的生态文明制度体系正在加快形成，并要充分发挥市场在资源配置中的决定性作用

党的十八大报告把生态文明建设列入中国特色社会主义建设"五位一体"总体布局中，提出建设美丽中国，实现中华民族永续发展，报告把加强生态文明制度建设提到了前所未有的新高度，提出要深化考核办法、奖惩机制、生态补偿制度、耕地保护、水资源保护、资源性产品价格改革、税费改革、生态环境保护责任追究制度和环境损害赔偿制度改革。2015年4月发布的《中共中央国务院关于加快推进生态文明建设的意见》对生态

---

① 方世南、张伟平：《生态环境问题的制度根源及其出路》，《自然辩证法研究》2004年第5期。

文明建设四大任务进行了部署，要求"到2020年，国土空间开发格局进一步优化；资源利用更加高效；生态环境质量总体改善；生态文明重大制度基本确立"。《生态文明体制改革总体方案》则对生态文明制度建设（四梁八柱的"八柱"）提出总体布局，成为我国生态文明制度体系的顶层设计，明确"到2020年，构建起由自然资源资产产权制度、国土空间开发保护制度、空间规划体系、资源总量管理和全面节约制度、资源有偿使用和生态补偿制度、环境治理体系、环境治理和生态保护市场体系、生态文明绩效评价考核和责任追究制度等八项制度构成的产权清晰、多元参与、激励约束并重、系统完整的生态文明制度体系"。党的十九大报告再次提出加快生态文明体制改革，要求统筹山水林田湖草系统治理，并组建了生态环境部、自然资源部、国家林业和草原局。这次机构改革为加强生态文明建设提供了重要的制度保障，并从国务院机构设置上为推进生态环境治理体系和治理能力现代化提供了坚强有力的保障。这一系列的生态文明建设的制度安排，是对我国目前日益严峻的资源短缺、环境恶化和生态系统退化等问题和挑战，从制度层面进行反思而做出的战略选择和准备完善的政策，同时，也折射出我国生态建设和环境保护方面的制度问题。

改革开放以来，我国初步建立了社会主义市场经济体制，但在环保领域，"经济靠市场、环保靠政府"基本是我国环境保护的主基调，由此形成了我国环境管理主要是行政命令式的，对于基于市场机制的环境保护政策运用得不充分。在我国的环保制度中，政府行政干预和控制为主的管制制度安排占据了主要地位，而具有经济激励作用的环境制度安排则很有限，市场化程度较低，仅是法规制度和行政命令的补充。①

十八届三中全会提出，要紧紧围绕使市场在资源配置中起决定性作用深化经济体制改革，完善主要由市场决定价格的机制。就环境资源领域来说，随着其稀缺性越来越凸显，需要更多地引入相应的经济手段和市场机制来有效配置环境资源，促进经济与环境的协调发展。传统经济学的理论

---

① 吴玲、李翠霞：《我国环境保护制度的制度变迁与绩效》，《商业时代》2007年第21期。

告诉我们,价格是人的需求和资源存量的综合体现。在市场经济中凡是稀缺的资源必定具有较高的价格。① 但我国目前尚未建立起能反映环境资源稀缺性的价格形成机制,许多环境资源仍然被低价格或无价格使用,其市场价格与相对价格严重偏离,导致了对环境资源的竞争性的过度使用。针对日益严峻的资源环境危机,建议提高环境资源价格,如采用开征环境税、碳税、提高水资源、矿产资源价格来实现环境成本内部化的呼声日渐高涨,不可否认,在市场经济条件下,通过政府干预来弥补"市场失灵"的不足是必要的,而且这一定程度上也确实有利于资源节约和环境保护。但从长期看,形成符合市场经济规律的价格形成机制远比价格水平本身重要。② 因此,建立起符合市场经济规律的、以企业为主体的节能减排长效机制,充分发挥市场配置环境容量资源的决定性作用,以促进环境容量资源的优化配置应成为环境管理的重要方向。各国环境保护的实践也表明,越来越多地引入市场手段已成为环境管理的一大重要趋势。

产权经济学家认为,价格问题实际上是产权问题。价格是产权的价格,产权制度是价格形成的基础。因此,随着环境容量资源的稀缺性日渐突出,通过产权制度来矫正环境资源的低成本或无成本使用,促进环境资源的优化配置,可以为环境治理提供新的手段和激励措施,对于当前生态文明建设和绿色发展具有重大的理论意义和现实意义。

第二节 研究目的及意义

本研究旨在通过确立"环境容量"概念,并赋予其产权属性,将对环境问题的认识引向深入的前提下,在市场经济主导中建构环境保护与治理的制度框架。完成本项研究,我们希望能够凸显其理论意义与实践价值。

---

① 马中、蓝虹:《环境资源产权明晰是必然的趋势》,《中国制度经济学年会论文集》(2003)。
② 汪新波:《环境容量产权解释》,首都经济贸易大学出版社,2010,第8页。

一　理论及学术价值

有利于拓展产权制度视野、丰富环境经济学理论。由于环境自身带有的公共品属性，有关环境容量产权问题的研究成果较少，环境容量产权制度的实践也面临较多理论及实际操作上的问题和困难。长期以来，我国的环境问题被认为是一个宏观的问题，应由国家承担和治理。环境产权的研究更是处在"初级阶段"[①]。本研究将产权理论运用于环境领域，探讨环境容量产权的本质、内涵及功能，力图揭示环境容量产权的内在运行规律及健全环境容量产权制度的路径和模式，有利于丰富产权制度理论，同时通过产权手段和产权制度的建立来推动环境治理，从产权角度进一步完善环境容量资源的有偿使用制度，调整资源环境保护利益相关者之间利益关系，实现环境容量资源的优化配置，具有非常重要的理论意义。一是加强对环境容量产权制度的研究，探讨依托市场机制解决环境问题，有助于从理论上将生态文明制度研究引向深入。二是在节能减排背景下，通过确立"环境容量"概念，凸显环境容量资源作为经济资源的属性，通过环境容量产权交易，进一步发挥市场配置环境容量资源的作用，有效弥补传统的命令－控制型政策和庇古手段的不足，能为环境经济学理论提供一定的思想材料。三是将产权理论运用于环境领域，探讨环境容量产权的本质、内涵及功能，揭示环境容量产权的内在运行规律及健全环境容量产权制度的路径和模式，一定程度上丰富了产权领域对于环境容量这类公共产品资源的研究，有利于丰富产权制度理论。

二　实际应用价值

为我国环境政策的制定和完善提供科学依据，亦为推进生态文明建

[①] 李瑞娥、李春米：《环境产权问题的博弈分析》，《广西经济管理干部学院学报》2003年第3期。

设、实现可持续发展提供建议。环境容量产权制度的构建和完善,事关我国可持续发展大局。本书在归纳我国在环境管理、环境容量产权制度建设等方面的实践经验的基础上,结合我国实际,全面分析我国环境容量产权制度构建的动因,提出建立健全我国环境容量产权制度实践路径,对于我国政府引入有效的环境产权手段和环境产权制度来弥补行政手段环境治理的不足,通过市场手段更好地促进环境容量资源合理定价和优化配置,不断改革和创新现有制度安排,为改进现行的环境保护政策有一定的参考价值和依据,更好地服务于我国生态文明建设。一是加强对环境容量产权制度建设的研究,有助于为我国建立"四梁八柱"的生态文明制度,深化生态文明体制改革提供建议和参考;二是从产权角度厘清我国环境污染的重要原因,剖析现行环境容量产权制度中存在的现实问题,分析产权手段在解决环境问题上的成本和效用,有助于在完善环境政策上更加有的放矢;三是研究我国环境容量产权制度的现实问题及改革路径,对于我国政府引入有效的环境产权手段和环境产权制度来弥补行政手段治理环境的不足,通过市场手段更好地促进环境容量资源合理定价和优化配置,不断改革和创新现有制度安排,为改进现行的环境保护政策有一定的参考价值和依据,有助于更好地服务于我国生态文明建设及绿色发展。

第三节 国内外研究综述及相关述评

国内外对环境容量产权制度的系统研究尚处于探索阶段,但关于排污权交易、碳汇、生态补偿机制等研究为本课题提供了有益参考和借鉴。

一 国外研究综述

1. 关于科斯定理对于环境问题的适用性的研究

1960年科斯发表的《社会成本问题》,成为西方产权理论发展的重要标志。他提出通过产权手段解决外部性使资源配置达到帕累托最优。科斯的产权理论为解决环境污染问题提供了思路和方向。至此，围绕运用产权问题来限制市场主体对环境资源的自由获取，国外许多学者从不同角度进行了研究，并形成了三种观点，即自由市场环境主义（Free Market Environmentalism）或"纯市场"环境保护主义、公共池塘资源（Common Pool Resources，CPRs）自主治理制度和市场社会主义（Market Socialism）。

（1）自由市场环境主义或"纯市场"环境保护主义

针对环境问题，国外许多学者对传统的政府干预进行了批判，认为虽然存在"市场失灵"，但政府不必直接进行环境管制或干预。因为在生态环境与资源利用中，并不存在庇古所说的社会成本与私人成本差异，一种商品的价格体现了该商品的全部社会成本。① 有的经济学家甚至认为，即使政府以经济杠杆进行宏观干预也是多余的。他们认为，造成环境污染的根本原因是产权不清晰，环境资源没有价格，或者定价太低或有补贴，因此主张用纯市场来解决环境问题。美国一些经济学家将这一环境产权界定与市场交易的自由放任管理方式称为"自由市场环境主义"。②

由泰瑞·安德森（Terry Anderson）和唐纳德·利尔（Danald Leal）所著的《自由市场环境主义》（1991），1997 年由台湾学者肖代基翻译的《从相克到相生：经济与环保的共生策略》一书是自由市场环境主义的代表作。在该书中，作者研究了包括牧场土地利用、矿物及能源开发、海洋渔业资源管理、垃圾及污水处理等大量资源环境案例，说明通过产权处理，便可消除环境资源外部性问题，其基本思想是：环境是一种资产，可以对环境资源建立一种完善的产权制度，这样环境资源的所有者可以通过自由市场机制实现环境与经济的共生。作者认为，自由市场机制是替代环境管理中"专家战略"与"政府控制战略"的有效途径。其代表人物除了安德森和利尔外，还有博斯拉普（M. Boserup）、达斯古普塔（R. S. Dasgupta）和史密

---

① J. L. Simon, *The Ultimate Resource*, New Jersey: Princeton University Press, 1981.
② 郝俊英、黄桐城：《环境资源产权理论综述》，《经济问题》2004 年第 6 期。

斯（F. L. Smith）等人。

自由市场环境主义认为环境问题产生的原因在于产权没有得到明确的界定，其核心是建立一种完善界定的自然资源产权制度，它强调只有产权得到清晰界定，良好执行并能转让，才能使天性利己的主体对稀缺性的资源做出权衡取舍。因此，自由市场环境主义者认为，要充分发挥自由市场机制的作用，建立有效率的市场，其关键是能够确立界定清晰又可以市场转让的产权制度。如果产权不清晰或得不到良好保障，缺乏资源保护的责任意识和利益激励，就会出现资源被过度使用的现象。

汪新波进一步将自由市场环境主义分为以安德森和利尔为代表的"强自由市场环境主义"和以罗伯特（Nelson Robert）为代表的"弱自由市场环境主义"，并认为前者强调环境物品的私有化，后者认识到最好的产权形式取决于制度和技术因素，因为以罗伯特为代表的"弱自由市场环境保护主义"认为，私有化是合理的（有时也是最佳的）选择；制度的选择并不是固定不变的，需要随技术和制度环境加以改变。[①] 因此，笔者认为，事实上，罗伯特等应该属于市场理性学者的代表。

自由市场环境保护主义过分夸大了科斯定理的适用性，走到了过分夸大市场机制作用的极端面，认为产权手段可以解决所有的环境问题，从而否定了政府和公众的作用。事实上，环境由于兼具公共产品和作为资源的私人物品的属性特征，具有很强的复杂性和不同于一般商品的特殊性，环境保护从来没有也不可能脱离政府的管制，而必须依靠政府与市场的作用共同完成。

（2）公共池塘资源自主治理制度

"公共池塘资源"最初是由 2009 年诺贝尔经济学奖得主印第安纳大学艾丽诺·奥斯特罗姆（E. Ostrom）提出的，是指一种人们同时使用资源系统但却分别占有资源单位的物品类型，它既不同于在消费上具有非排他性和非竞争性的纯粹公共产品，也不同于具有排他性和竞争性的私人物品，

[①] 汪新波：《环境容量产权解释》，首都经济贸易大学出版社，2010，第 58 页。

公共池塘资源具有两个属性——非排他性和竞争性。正如她在1990年出版的《公共事物的治理之道》中所描述的：公共池塘资源是一种人们共同使用整个资源系统但分别享用资源单位的公共资源，在这种资源环境中，理性的个人可能导致资源使用拥挤或者资源退化的问题。① 针对公共池塘资源，以奥斯特罗姆为代表的一些学者认为，在政府与市场之外发展自治组织对公共池塘资源进行自治管理也许更能取得良好效果，她从博弈的视角，探讨了自主治理公共池塘资源的可能性，提出了"自筹资金的合约实施博弈"，认为没有彻底的私有化，没有完全的政府权力的控制，公共池塘资源的使用者可以通过自筹资金来制定并实施有效使用的合约。在制度分析与经验研究相结合的基础上，总结出了公共池塘资源要长期成功地自主组织和自主治理其自治组织应遵循的8项设计原则：清晰界定边界；集体选择的安排；占用和供应规则与当地条件保持一致；有效监督；低成本如论坛式的冲突协调机制；分级制裁；对组织权的认可；分权制组织。② 其他的学者如韦德（Robert Wade）、巴兰（Jean-Mairie Baland）和普拉特（Jean-Philippe Platteau）对公共池塘资源的自主治理也做出重要贡献。

（3）市场社会主义

安德森（Terry L. Anderson）等将诸如被政府严格限制的排污权交易这样的不完全私有化方式称为某种形式的"市场社会主义"。③ 市场社会主义倡导者认为产权手段在解决环境问题方面具有积极作用，甚至在某些领域更具优势，但并不排斥和否认政府的作用，相反认为由于环境问题的特殊性，产权手段必须结合政府并依靠政府的力量才能完成。利用产权手段解决环境问题最先出现的一种环境治理政策被称作排污权交易。1968年，美

---

① E. Ostrom, *Governing the Commons: The Evolution of Institutions for Collective Action*, Cambridge University Press, 1990.
② 王志凌、魏聪：《公共池塘资源的治理之道——解读奥斯特罗姆的〈公共事物的治理之道〉》，《消费导刊·理论广角》2008年第8期。
③ Terry L. Anderson, and Danald R. Leal, *Free Market Environmentalism*, San Fransisco: Pacific Research Institute for Public Policy, 1991.

国经济学家戴尔斯（J. H. Dales）首次提出了排污权交易的理论设计，并在1973年的《污染、财富和价格》一文中，提出：让排污权像股票一样卖给最高的投标者，政府作为社会代表和环境资源的所有者可以出售排放一定污染物的权利（排污许可证、排污配额或排放水平上限等），污染当事人可以从政府这里购买这种排污权，或与持有这种污染权的其他当事人彼此交换污染权。① 1972年，蒙哥马利（Montgomery）从理论上研究证明了基于市场机制的排污权交易与传统的环境治理政策具有显著优势。② 艾克曼（Burce Ackerman）和斯图尔特（Richard Stewart）主张用可交易许可权代替以往的命令和控制型监管。③ 汪新波把这种治理手段称为"可交易的环境许可"。④ 何德旭、史晓琳将运用产权手段解决环境问题的方法称为"排放权限额——贸易"，有的称为污染权交易。关于排污权的称谓，学者采用的具体规则不同或传统不同，但无论这一环境治理手段的名称如何，都一致认为对于环境资源施加产权的前提是政府先要定出一定的环境质量目标，然后政府将排污的权利分配给企业，企业再将这种权利进行买卖，从而成为运用市场方式解决污染问题的一个重要创新手段。⑤

运用产权方式解决环境之类公共产品问题，国外学者也持有不同观点，布罗姆利（Bromley）认为，由于所有权结构会影响跨时间选择，共有环境资源产权私有化不具有可操作性，也无法通过市场手段来解决此类问题。⑥ 巴泽尔则认为，由于界定公共产权和保护产权的成本极高，有时甚至会高于界定产权所获得的收益，所以将资源留在公共领域是合

---

① J. H. Dales, *Pollution, Property and Prices*, University of Toronto Press, 1968, pp. 1 – 44.
② W. D. Montgomery, "Markets in Licenses and Efficient Pollution Control Programs," *Journal of Economic Theory*, Vol. 3, No. 1, 1972, pp. 16 – 28.
③ Bruce Ackerman & Richard Stewart, "Reforming Environmental Law: The Democratic Case for Market Incentives," *Columbia Journal of Environmental Law*, 1987 – 1988（2）.
④ 汪新波：《环境容量产权解释》，首都经济贸易大学出版社，2010，第50页。
⑤ 何德旭、史晓琳：《国外排放贸易理论的演进与发展述评》，《经济研究》2010年第6期。
⑥〔美〕丹尼尔·W. 布罗姆利：《经济利益与经济制度——公共政策的理论基础》，陈郁等译，上海三联书店，1996。

理的。① 斯蒂格利茨等认为即使某些外部性的问题可以通过产权明晰的方式解决，但不完全信息和不完全市场会导致"政府失灵"和"市场失灵"，因此科斯倡导的产权手段在解决大气污染等环境问题上并不一定具有现实性。②

2. 关于产权结构的研究

关于产权结构，国外学者也具有不同的观点。戈登（H. S. Gordon）在他开创性的渔业经济学论文中，按照持有权利的主体性质，将产权结构划分为私有产权和共有产权。③ 20世纪70～80年代，简单的两分法受到了批评，许多学者认为非排他性产权都归为共有产权过于粗糙，不能涵盖政府拥有的产权、有限群体拥有的集体产权等情形。这就导致了产权结构的进一步细分。比较流行的是布罗姆利的四分法，即将产权分为国有产权、私有产权、共有产权和开放利用。④

3. 关于环境容量使用权交易制度的研究

国外学者关于环境容量产权的研究，更多的是对于排污权交易的研究。自戴尔斯1968年将产权手段应用于水污染治理后，国外学者从排污权交易的内容、排污权的价格及影响因素、排污权的制度涉及等角度开展了研究。斯塔文斯（Stavins）对排污权交易的制度进行了探讨，认为完整的排污权交易制度应包括以下八个要素：总量控制目标、排污许可、分配机制、市场定义、市场运作、监督实施、分配与政治性问题、现行法律及制度的整合。⑤ 哈恩（R. W. Hahn）对排污权的拍卖进行了研究，认为在不

---

① 〔美〕巴泽尔：《产权的经济分析》，费方域、段毅才译，上海人民出版社，1997，第2～17页。
② 〔美〕约瑟夫·E. 斯蒂格利茨、吴先明：《政府失灵与市场失灵：经济发展战略的两难选择》，《社会科学战线》1998年第2期。
③ H. S. Gordon, "The Economic Theory of a Common Property Resource: The Fishery," *J. Polit. Econ* 62 (1954): 124 – 142.
④ D. W. Bromley, "Property Relation and Economic Development: The Other Land Reform," *World Development* 17 (1989).
⑤ R. N. Stavins, "Transaction Costs and Tradeable Permits," *Journal of Environmental Economics and Management* 29 (1995).

完全竞争市场中，初始分配会影响排污权交易制度的效率。因此，制定合理的排污权初始分配方案至关重要。他认为与排污权免费分配方式相比，排污权拍卖方式具有诸多优势：如可提高环境管理部门的财政收入用于环境治理；拍卖能激励企业技术创新；拍卖可以减少扭曲性税收，降低无谓损失，提高社会福利；拍卖能体现公平、公正的原则，减少免费分配所产生的各利益集团之间的争执。[①] 克兰顿（Cramton）和克尔（Kerr）认为，当不存在明显的市场势力时，单价拍卖的效率更高，其优点是拍卖方式简单易行。此外，弱势竞标人能从强势竞标人价格隐瞒的行为中获利，它能激励弱势竞标人积极参与拍卖活动。因此，单价拍卖是排污权初始分配的最合适的方式。除密封式拍卖外，排污权拍卖还可以采用增价拍卖，这种拍卖的最大特点是具有较好的价格发现机制。排污权的增价拍卖又包括需求计划式拍卖和上行时针式拍卖。[②] 戈德比（Godby）则从实验经济学角度，检验了市场势力的存在性。他研究表明，市场结构影响排污权交易，具有市场势力的企业可以利用市场势力来降低自身成本或提高竞争对手成本。企业的战略性操作降低了排污权交易市场的分配效率。当市场受到垄断企业的控制时，市场排污权交易制度的效率显著降低，最终的市场效率由排污权初始分配的大小和经济体系中的其他竞争条件所决定。因此他认为，政府应该通过管制来减少垄断企业市场势力的影响。市场势力还可以导致企业污染治理中的市场欺诈行为。[③] 蒂坦伯格（Tietenberg）对排污权交易中的市场势力问题进行了研究，认为由于市场势力不影响排污治理的成本，但影响排污权的价格，因此市场势力使得新排污企业偏重污染的治理。新排污企业的进入增加了对排污权的需求，

---

① R. W. Hahn, "Market Power and Transferable Property Rights," *Quarterly Journal of Economics* 99 (1984).

② P. Cramton and S. Kerr, "Tradeable Carbon Permit Auctions: How and Why to Auction Not Grandfather," *Energy Policy* 30 (2002): 333–345.

③ R. Godby, "Market Power in Laboratory Emission Permit Markets," *Environmental and Resource Economics* 23 (2002): 279–318.

从而促使排污权价格上升。在新排污企业没有获得补偿来源时，排污权交易就可能给卖方提供了一个成为市场垄断者的机会。当市场存在排污权价格被操纵时，管制者就要行使对财产的支配权，以适当的补偿来收购这些排污权，这样就可以鼓励新排污企业去争取排污权，同时防止出现市场势力和新排污企业偏重治理的倾向。①

二 国内研究综述

1. 关于运用产权解决环境问题适用性方面

运用产权解决环境问题，在我国同样也有不同的声音。常永胜认为，由于环境资源属于公共产品，具有消费不可分性和非专有性特点，难以对环境资源明确私人产权，因此不可能通过市场手段来解决环境问题，而且环境资源的使用和补偿还会产生大量"机会主义者"，大量存在的"搭便车"行为将会导致私人解决办法总是归于失败。② 张生、付建华认为，由于技术、政治和环境资源公共性等方面的原因，环境资源的范围不易确定，环境资源产权失灵是一个普遍现象。产权界定固然是解决资源耗竭的环境问题的政策手段之一，但并非最佳手段，也并不一定是最佳手段，也不一定是唯一的手段。由于资源与环境产权的范围不明确，产权激励机制难以有效发挥作用，对于环境问题更应在产权问题之外寻找更有效的方式。③ 白平则认为在有完善自然保护法律限制的条件下，私有产权制度比公有产权制度更有利于实现自然资源的环境生态效益，但以发挥环境生态效益为主的自然资源以及因资源自身特点无法由私人所有的自然资源，实行共有产权制度可能更好。④

---

① T. H. Tietenberg, "Economic Instruments for Environmental Regulation," *Oxford Review of Economic Policy* 6 (1991).
② 常永胜：《产权理论与环境保护》，《复旦学报》（社会科学版）1995 年第 3 期。
③ 张生、付建华：《产权与环境问题》，《江苏社会科学》2001 年第 3 期。
④ 白平则：《自然资源产权与资源环境生态效益》，《山西高等学校社会科学学报》2003 年第 4 期。

但是，近年来，随着环境恶化和资源短缺日益突出，越来越多的学者注意到环境的稀缺性和外部性问题，主张在环境保护领域更多地引入市场机制，产权手段在解决环境问题方面的呼声日渐高涨。李云燕认为，环境资源产权界定不清是产生环境外部不经济性的主要原因。建立环境资源产权制度是实现市场机制对环境资源优化配置的基本条件和根本要求，环境资源产权制度的建立需要市场和政府的共同作用。① 长期研究产权问题的学者常修泽认为，按照"环境有价"的理念，应尽快建立现代环境产权制度，以平衡环境外部经济的贡献者、受益者以及相关方面之间的利益关系，并探讨了我国建立现代环境产权制度有四个现实启动点：一是做好环境产权的贡献界定和损害界定工作；二是促进环境产权公平交易；三是落实环境成本的科学还原；四是实施环境产权严格保护。② 马中、蓝虹对解决环境问题的科斯手段和庇古手段进行了对比分析，认为解决环境问题的有效办法就是通过环境资源的产权明晰，导致市场形成价格，从而在价格机制作用下诱发技术创新，引导生产消费，扩大资源基础存量，从而得出环境资源明晰是必然趋势的结论。③ 孙世强研究了环境资源产权与经济增长的关系。他认为，产权是制约经济增长的内在变量，环境资源产权同样也是经济有效增长的主要变量。私有环境资源产权的界定可以彻底解决环境好坏是否有人关注的问题；具有正外部性的公有产权有相当一部分是无偿提供给生产者的，具有"溢出效应"，溢出效应的结果使公有环境资源利用者降低成本，直接增加厂商利润，促进经济增长。④ 曾先峰认为，矿区生态环境持续恶化的根源在于资源环境产权制度的缺失，主要涉及两种产权，矿产资源产权和环境质量产权。只有从改革资源环境产权制度着手，才有望建立完善的矿区生态补偿机制，从而彻底解决矿区生态环

---

① 李云燕：《基于稀缺性和外部性的环境资源产权分析》，《现代经济探讨》2008年第6期。
② 常修泽：《环境产权制度不能再延后》，《四川政报》2008年第3期。
③ 马中、蓝虹：《产权、价格、外部性与环境资源市场配置》，《价格理论与实践》2003年第11期。
④ 孙世强：《环境产权与经济增长》，《哈尔滨工业大学学报》（社会科学版）2004年第3期。

境问题。①

对于自由市场环境主义，我国学者也有不同的观点。徐嵩龄对自由市场环境主义持批判态度，认为简单地把传统的"自由市场"概念移植于环境管理未必成功，因为它忽视了一般商品和环境资源之间的根本区别，即环境资源中不可分割的公共性，它的不可穷尽的多价值性，以及环境资源总量随交易而递减的特征。② 因此，大部分学者都比较理性地认为，在处理环境问题上，政府和市场都有可能出现失灵，解决环境外部性问题的关键是找到政府与市场发挥作用的最佳结合点，而非在两者间做非此即彼的选择。周宏春认为，生态要素同时具有资产和公共产品的双重属性。其资产属性要求尽可能发挥市场的决定性作用，而其公共属性要求更多发挥政府的作用。他认为，对于可以界定所有权主体的生态要素，应更多地发挥市场的作用，而不易界定的则需要更多地发挥政府作用。市场是提高生态效率的有效途径，但不可忽视政府的宏观调控作用。③

2. 关于解决环境外部性问题的产权方法

环境物品由于具有公共性和在传统意义上难以分割性等特征，极少数学者将其视为环境资源领域引入产权手段的最大障碍，从而否定了产权在环境保护领域的使用。但更多的学者针对环境资源特殊性的特点，创造性地运用产权来解决环境问题的外部性，主要有产权分割和创建新产权两种。

（1）产权分割

许多学者认为产权与所有权有区别，产权是一组权利束，可以通过对环境资源产权的使用权、收益权等进行分割，从而进行产权交易。环境产

---

① 曾先峰：《资源环境产权缺陷与矿区生态补偿机制缺失：影响机理分析》，《干旱区资源与环境》2014年第5期。
② 徐嵩龄：《产权化是环境管理网链中的重要环节，但不是万能的、自发的、独立的——简评〈从相克到相生：经济与环保共生策略〉》，《河北经贸大学学报》1999年第2期。
③ 周宏春：《国务院机构改革为生态文明建设提供体制保证》，2018年5月16日，http://www.chinathinktanks.org.cn/content/detail/id/lqc6lg93。

权的交易，主要指的是将使用权分割出来进行交易。汪新波引用了 Merryman（1974）对罗马法中土地所有权概念和盎格鲁美国"财产"或"权益"之间差异的描述，认为：所有权可以是个空盒子，而其中的内容才是产权，英美普通法系所指的产权是一束权利，彼此可以拆分，这样，产权主体的实际权利就是多样化的。① 颜敏认为，产权并非铁板一块，而是可以分别出不同的成分：处置权、收益权、使用权、管理权等。② 唐克勇等指出环境产权是行为主体对某一环境资源所具有的所有、占有、使用、处分、收益等各种权利的集合，是一种包含多种权能的权利束，在此基础上，他将使用权和收益权分割出来，对于环境产权与生态补偿进行了融合性研究，探讨了环境使用权和收益权与生态补偿的本质联系。③ 林海平认为环境产权的实质是对环境资源的使用权。④

（2）创建新产权

制度经济学认为，"财产包含着一个无限期的权利束，这些权利是由需求和人的创造性来创立和划分的。可分割性使具有不同需求和知识的人们能够将某项独特的资产投入他们所能发现的最有价值的用途上去"⑤。自美国著名经济学家戴尔斯（1968）创建了一种有关环境资源的新产权——"污染权"后，排污权交易被美国环保局用于控制二氧化硫排放等方面取得了巨大成功。排污权交易的应用及在污染控制方面的有效性，印证了产权是一个包含着无限期的权利束。随着新的信息的获得，资产化的各种潜在有用性被技能各异的人们发现，并且通过交换他们关于这些有用性的权利而实现其有用性的最大价值。⑥ 创建新产权这一做法，也被应用于全球应对气候变暖的行动中，1997 年的《京都议定书》

---

① 汪新波：《环境容量产权解释》，首都经济贸易大学出版社，2010，第 11 页。
② 颜敏：《生态补偿与社会产权》，《新东方》2008 年第 8 期。
③ 唐克勇等：《环境产权视角下的生态补偿机制研究》，《环境污染与防治》2011 年第 12 期。
④ 林海平：《环境产权交易论》，社会科学文献出版社，2012，第 2～5 页。
⑤ 〔德〕柯武刚、〔德〕史漫飞：《制度经济学：社会秩序与公共政策》，韩朝华译，商务印书馆，2002，第 229 页。
⑥ 蓝虹：《产权明晰和交易是环境资源合理定价的基础》，《中国物价》2004 年第 2 期。

规定了发达国家的减排义务，同时提出了三个灵活的减排机制，并创建了"温室气体排放权"这一新的产权形式，通过清洁发展机制等为工业化国家实现其减排义务提供灵活措施，允许各国依据实际情况对温室气体排放权进行交易。

金雪涛、刘祥峰还将产权弱化、自愿合作基础上认知产权的调整作为除产权分割及创建新产权外解决环境外部性的两个手段或方面。他们认为产权弱化一般是政府通过行政命令的方式对环境进行直接管制，自愿合作基础上的认知产权调整主要是在解决跨界污染问题上国家间的协商谈判。①

3. 关于环境容量产权交易及相关制度设计的研究

国内学者关于排污权交易及制度方面的研究始于 20 世纪 80 年代，自 90 年代我国政府开始对烟尘、工业粉尘、二氧化硫污染物的排放量实行总量控制以来迅速发展。国内学者在充分借鉴美国等发达国家排污权交易理论与实践的基础上，对我国有关排污权交易的总量控制、市场结构、厂商和政府行为、定价机制及制度设计等进行了研究。林红对总量控制与排污权交易进行了研究，主要研究了大气排污权交易，提出了实施排污权交易的一些原则。② 肖国兴指出政府是资源环境供给者而不是资源环境的生产者，厂商才是资源环境的生产者，产权交易是厂商显示意愿的动力源泉，中国资源环境的改善最终取决于资源环境产权交易制度的创新。③ 尹岳群从经济学角度对排污权交易制度进行了探讨和研究，认为排污权交易制度是解决污染问题的有效办法之一，并提出要转变政府职能、加强环保教育、建立健全相关的制度和法规等建议。④ 相震、吴向培对森林碳汇减排项目现状及前景进行了分析，认为通过森林碳汇交易市场可以实现全球范围成本低、效益好的二氧化碳减排效果，为实现全球环境、经济与社会的

---

① 金雪涛、刘祥峰：《环境资源负外部性与产权理论的新进展》，《中国水利》2007 年第 8 期。
② 林红：《大气污染物排放总量控制方案的确定》，《中国环境科学》1993 年第 5 期。
③ 肖国兴：《论中国环境产权制度的构架》，《环境保护》2000 年第 11 期。
④ 尹岳群：《对排污权交易制度的经济分析》，《重庆邮电学院学报》（社会科学版）2005 年第 2 期。

可持续发展创造条件。① 郭银霞从排污权交易区域、排污权的初始分配、排污权交易主体、客体、对象以及实施模式、政府监督和服务信息系统的建立、基本原则、相关制度的协调及法律责任等方面阐述了排污权交易制度的构建。② 胡明对排污权交易制度做了理论阐述，全面梳理了我国排污权交易制度存在的问题，并提出要从法律角度明确排污权的产权归属并完善市场体系建设、建立激励机制、加强环境监测等建议。③ 冯薛全面分析了中国电力行业引进排污权交易的可行性，并提出了中国电力行业构建二氧化硫排污权交易市场的构建模型。④ 常修泽认为环境资源产权制度主要包含的内容：一是环境资源产权界定制度，主要是对环境资源产权体系中的诸种权利归属做出明确的界定和制度安排，包括环境归属的主体、份额以及对环境产权体系的各种权利的分割或分配；二是环境资源产权交易制度，主要是指环境资源产权所有人通过一定程序的产权运作而获得产权收益；三是环境资源产权保护制度，就是对各类产权取得程序、行使的原则和方法及其保护范围构成的法律保护体系。⑤ 在环境资源产权制度设计上，王万山对我国资源环境产权制度安排进行了研究，认为我国资源环境产权制度建设路径应包含三个层次：一是建立市场化的资源环境公共产权规制模式；二是在现有资源环境产权所有权安排条件下实现资源环境使用权和经营权的市场化；三是实行多元化和市场化的资源环境所有权制度，形成公私产权对接的完善的资源环境产权混合制度。⑥ 马中、蓝虹研究提出应将西部地区环境资源的收益权界定给西部地区，东部地区应收取环境税以补偿西部地区，从而激励西部地区保

---

① 相震、吴向培：《森林碳汇减排项目现状及前景分析》，《环境污染与防治》2009 年第 2 期。
② 郭银霞：《论排污权交易制度的构建》，硕士学位论文，中国政法大学环境与资源保护法学专业，2010。
③ 胡明：《基于制度创新的排污权交易环境治理政策工具分析》，《商业时代》（原名《商业经济研究》）2011 年第 19 期。
④ 冯薛：《排污权交易制度及市场构建研究》，硕士学位论文，产业经济研究院，2012。
⑤ 常修泽：《建立完整的环境产权制度》，《学习月刊》2007 年第 9 期。
⑥ 王万山：《中国资源环境产权市场建设的制度设计》，《复旦学报》2003 年第 3 期。

护环境的制度安排。① 林海平对我国的环境产权交易市场进行了设计，提出了我国环境产权交易市场要建立"五统一"制度：统一交易规则、统一信息发布、统一资金结算、统一收费标准、统一监督管理。② 任海洋对我国农村生态环境保护的产权路径进行了研究，认为有效解决农村生态环境保护问题的环境路径，一是通过环境产权有效界定促进农村生态利益协调；二是通过环境产权合理配置统筹农村生态环境的保护修复工作；三是完善环境产权交易制度发挥市场生态调节治理机制；四是通过创新环境产权保护机制，推进农村环保建设的进程。③ 马永喜等从生态环境产权界定视角探讨了流域生态补偿标准，认为通过流域生态环境产权的明确界定，可以从理论上厘清流域生态补偿的对象和内容，能够兼顾各方权益，补偿内易被各方接受。④ 温军、史耀波认为建立健全环境资源权益的市场交易机制，是新时期环境治理的必然要求，并基于政府、市场与企业三方视角，探讨了构建一个全国区域性的碳交易市场的必要性并提出了对策建议。⑤

三 对相关文献的述评

关于环境领域的产权，近年来随着市场机制的深入发展，尤其是排污权交易在美国等发达国家治理污染方面表现出成本和效率方面的优势，因此近年来国内外越来越多的学者都主张用产权使环境问题外部性内部化。且国内外大部分学者都走出了产权安排不是私有就是公有的两极观点，主

---

① 马中、蓝虹：《约束条件、产权结构与环境资源优化配置》，《浙江大学学报》（人文社会科学版）2004 年第 6 期。
② 林海平：《环境产权交易论》，社会科学文献出版社，2012，第 2~5 页。
③ 任海洋：《我国农村生态环境保护的产权路径研究》，《农业经济》2014 年第 9 期。
④ 马永喜等：《基于生态环境产权界定的流域生态补偿标准研究》，《自然资源学报》2017 年第 8 期。
⑤ 温军、史耀波：《构建完善的环境产权交易市场研究——以西部地区为例》，《学术界》2011 年第 8 期。

张采用一种公产产权和私人产权相结合的产权结构,但中国的学者更是难以从环境资源归国家所有的理论中摆脱出来。① 因此,国家拥有环境资源所有权是无可置疑的,但忽略了有效率的产权是可以分割的,环境资源的某些产权项被进一步分解成更加具体的权能,通过市场机制对这些权能进行交易和配置,这就为通过创新产权来解决环境问题提供了方向。

目前,关于产权在环境领域的应用,关于排污权交易、碳排放权交易、用能权交易等方面的研究成果不断增多。但将排污权交易、碳排放权交易或碳汇机制割裂开来探讨研究的居多,鲜有学者将从本质上系统探讨其作为不同环境容量产权交易形式的本质特点及内在运行规律及制度建设。因此,不难看出,关于环境容量产权制度建设,现有研究呈现出条线演进、各自为战的特点。如何统筹研究起点、研究范畴、研究尺度,将各种环境容量产权制度的实现方式纳入统一分析框架进而提升研究的系统性、整体性、前瞻性、综合性,需要进行深入的理论研究与实证分析。

因此,本书力图从环境容量产权的角度,对不同产权形式的特点、内在运行规律及制度建设方面做较为系统的探讨,以期对产权在环境领域的运用进行较为系统和统一的研究,并在总结我国环境容量产权实践经验基础之上,提出在市场经济主导中建构适合我国国情的环境保护与治理的制度框架。

第四节 环境产权、环境资源产权与环境容量产权

环境资源产权问题在国内外没有一个严格的学术定义。关于在环境领域引入产权手段,目前出现了一些不同的概念和提法,主要表述有"环境

---

① 汪新波:《环境容量产权解释》,首都经济贸易大学出版社,2010,第66页。

产权"或"生态环境产权"、"环境资源产权"、"环境质量产权"、"环境容量产权"。

1. 环境产权

环境产权的概念目前国内学者运用得比较多，认为环境产权是指行为主体对某一环境资源拥有的所有、使用、占有、处分及收益等各种权利的集合，其产权客体是指在人类出现之前就存在的所有自然环境资源和人工环境，产权的主体是全体公民。笔者认为，将产权主体客体认为是环境本身，将产权主体界定为"全体公民"的"环境产权"不符合产权的本质属性及内涵特征。一是既然产权是由于稀缺性而产生的，如果产权客体是自然环境，那环境稀缺的说法很难成立。众所周知，大气、水资源、土地资源都不能完全耗竭，因此，很难说大气稀缺、水稀缺，而真正稀缺的是清洁的水源、洁净的空气。二是产权的本质特征有"排他性、转让性和强制性"，如果环境产权的主体是全体公民，则违反了产权排他性的本质特征。三是将环境产权的主体定位为全体公民，是混淆了所有权和产权的概念，忽略了产权是在所有权中的一部分分割出来的，是可以分割和分解的。

2. 环境资源产权

用"环境资源产权"的表述主要有两种意思：第一种是将环境与资源并列起来，即环境资源产权包括"环境产权"与"资源产权"。第二种是将资源作为环境的定语，即将"环境"本身也作为一种资源，即"环境资源产权"等同于"环境产权"，因此不再累述。现着重分析第一种表述。

严格意义来说，广义的环境包含了资源的概念，环境的定义要比资源的定义宽泛，这可以从我国《环境保护法》中关于环境的定义中显而易见地看出来，这里的环境包含了狭义的"环境"及资源的概念。然而，由于资源和环境具有不同的属性，环境更具有公共产品的属性，而资源更多地具有经济物品的属性，将两个属性不同的对象施加产权，很难从其身上提炼出具有共同特点和产权本质的特征和内涵，并进行良好的制度设计。人类在使用环境资源的提取和排放行为中，如何小心地分离环境公共属性与资源私人属性，是制度设计的难点，这好比做一个高难度的手术或者从混合物中提炼出单一物质一样的高科技，需要花费很高的成本。①

3. 环境容量产权

在国内研究文献中，以"环境容量产权"作为关键词和篇名所能查找到的文献屈指可数。大部分学者认为环境容量产权是基于环境承载能力或环境容量前提下对公众排放污染物权利的界定，是一种特殊的产权，本质上属于"准物权"。

随着"环境容量"概念的逐步确立和生态文明建设制度的加快完善，也开始出现了"环境容量产权"方面的专著，如汪新波著的《环境容量产权解释》、吴健著的《排污权交易——环境容量管理制度创新》。汪新波将环境容量定义为"在不损坏环境质量的前提下，一定时期内可以划拨给人类使用的环境资源的数量"，他认为环境对人类的支持功能包括原材料的支持功能和生态服务功能，并认为当人类的提取和排放强度达到一定程度之后，环境资源提供的物质和能量便超过了其环境资源的承载能力，即环境容量。因此，他认为环境容量是环境资源的承载能力，包括资源的最大利用量和环境对于污染物的最大容纳量。② 吴健对排污权交易进行了系统研究，认为排污权交易是一种环境容量资源产权的制度安排，她将环境容量定义为环境对污染的容纳能力即环境对污染的净化能力。③ 她指的环境容量资源是狭义的环境容量。

值得注意的是，虽然许多学者用了"环境产权"的表述，但在涉及产权客体时，都蕴含着其产权客体是"环境容量"的概念。如乔立群虽然用了"环境产权"的表述，但他指出，环境产权的客体是环境容量资源，主体是人，即自然人和法人。我们无时无处不在使用环境容量资源，它有时是

---

① 汪新波:《环境容量产权解释》，首都经济贸易大学出版社，2010，第73~75页。
② 汪新波:《环境容量产权解释》，首都经济贸易大学出版社，2010，第10~12页。
③ 吴健:《排污权交易——环境容量管理制度创新》，中国人民大学出版社，2005。

有形的，如水和土壤；有时是无形的，如空气；还有如阳光、气候、生态、山川、声音等等。环境容量资源是依附于自然物（实体物）的无形客观存在物（无形物），即自然资源（自然物）是环境容量资源的实物载体，两者本是一物。环境产权就是环境容量资源商品的财产权，它包括环境容量资源商品的所有权、使用权、占有权、收益权和处置权。环境资源产权包括自然资源产权和环境产权。环境产权的使用权就是环境容量资源商品的使用权，即排污权和排放权以及固体废弃物的弃置权等。[①] 胡胜国在资源环境产权制度研究中，提出资源产权产生的背景之一是环境容量的有限性。他指出环境容量是环境最大容许排污量，是指"在人类生存和自然生态不致受害的前提下，某一环境所能容纳的污染物的最大负荷量"。按照人类中心论的观点，人是主体，环境是客体，人类拥有天然的排污权。但由于环境容量的有限性，当人类向环境排放的污染物超过环境容量时，会造成环境的破坏和恶化，反过来影响人类自身的生存安全。[②] 蓝虹在其专著《环境产权经济学》中，也将环境本身作为一种资源将"环境产权"等同于"环境资源产权"，并指出其所指的环境资源是指环境容量、环境承载能力以及生态系统的产出和服务功能。质量环境产权可以分为自然资源开发利用产权、生态产权和排放产权，目前在环境产权交易中涉及较多的是排污权和温室气体排放权，并认为环境产权包括排污权、排放权等权利。他认为，环境产权是人类从事生产和经营活动中不可或缺的自然权利，与维持生存、谋求发展的基本权利直接相关，是人类最基本的需求，也是维持人类生存发展不可或缺的基本条件。他认为环境产权本质上属于环境资源的使用权，即人们对环境容量的使用权。[③]

另外，也有学者如任海洋运用了"环境质量产权"，他在分析矿区生态补偿机制中，把资源环境产权分为两类，一类是资源产权，另一类是环

[①] 乔立群：《环境产权论》，《环境》2012 年第 S2 期。
[②] 胡胜国：《资源环境产权制度研究》，《中国矿业》2012 年第 19 期。
[③] 蓝虹：《环境产权经济学》，中国人民大学出版社，2005，第 75~76 页。

境质量产权。并指出，环境质量产权的核心是环境资源的使用权。[①] 实际上，这也是将环境资源的功能划分为原材料供给功能和生态服务功能。其中的环境质量产权正与本书的环境容量产权具有内涵和外延上的一致性。

因此，从以上可以看出，尽管许多学者用了"环境产权"或"环境资源产权"的表述，但他们都认为"环境产权"的本质是对"环境容量"施加产权，其实质是环境容量的使用权，以及由使用权而派生出来的收益权、转让权等一系列的权能。因此，笔者认为，既然如此，用"环境容量产权"比"环境产权"或"环境资源产权"更准确更严谨，也由于以下几个方面的原因。

首先，众所周知，稀缺性是产权产生的前提，既然环境是指影响人类生存和发展的各种天然的和经过人工改造的自然因素的总体，包括大气、水、海洋、土地等。显而易见，真正稀缺的是环境容量，而不是环境稀缺。譬如空气是取之不尽、用之不竭的，人类活动造成空气污染，我们不能说是空气稀缺，人类也绝对不可能把空气私分掉。真正稀缺的是人类向空气当中排放污物即利用空气环境容量的度。再譬如在土地利用领域，撇开水土流失因素，就某一块地来说，无论如何使用，我们看得见感受得到的土地面积不会随人类的使用而下降，进而变得稀缺，但是如果我们肆无忌惮地使用化肥、农药，势必会导致土地肥力下降，其产出的农产品会对人类健康造成负面影响，因此，限制的其实是人类对于土地利用的方式，不要超越土地对于污染物的最大吸纳量。由此可见环境容量产权是在不超过环境"最大污染容纳量"，以确保环境质量不出现不可逆性的破坏和降低的前提下产生的，因此，这个"最大污染容纳量"就是稀缺的。我们将产权引入环境领域，其本质不是对空气、土地、水等施加产权，而是对其使用方式即利用的环境容量施加产权。

其次，由于排他性是产权的一个本质特征，而环境如空气、水等是最广泛意义的公共产品。空气、水、山脉、自然保护区等都是大自然赐予人

[①] 任海洋：《我国农村生态环境保护的产权路径研究》，《农业经济》2014年第9期。

类的，共同构成了人类赖以生存的生态系统。地球上许多生态系统已经超越一个国家的地域限制而成为全人类的共同财富，如阿尔卑斯山、喜马拉雅山、北极的冰川，而且由于生态系统的特殊性，将某个生态系统私分掉对环境保护来说也许又将陷入"私地悲剧"而给生态系统带来另一场灾难。事实上，绝大多数国家已经通过建立"国家公园""国家森林"以及其他的"公共土地"这样做了。[①]

还需要特别说明的是，在涉及环境容量产权的一种——排污权的研究的许多文献中，在说明"环境"是稀缺性时，都用了是"环境容量"稀缺而不是"环境"稀缺的观点。认为环境的纳污能力是有限的。宋晓丹在论述排污权交易制度公平性时，认为总量控制是排污权交易的前提和基础，而"总量控制的原理是强制留存环境容量份额或者说为当代人可使用的环境容量设限"[②]。因此，应该是环境容量产权而不是"环境产权"或"环境资源"产权。

第五节 研究内容、逻辑结构及研究方法

一 研究内容及逻辑结构

本书共分为7章，行文结构如下。

第一章导论，阐述本书研究背景、研究目的与意义、研究现状，以及研究思路，并对相关术语和概念作出界定，等等。

第二章从分析环境容量资源的经济属性和特点入手，剖析环境容量资源配置的产权和市场理论基础，在此基础上给出了环境容量资源特性、产

[①] 〔美〕丹尼尔·H. 科尔:《污染与财产权》，严厚福、王社坤译，北京大学出版社，2009，第8页。

[②] 宋晓丹:《排污权交易制度公平之思考》，《理论月刊》2010年第9期。

权制度安排与变迁的一个内在基本逻辑。

第三章运用博弈论的方法,分析了微观层面、中观层面以及代际层面在环境容量资源利用中的行为,由此得出要解决环境问题,须依靠产权制度调整来规范博弈主体的行为,实现环境容量资源利用中外部性的内部化,为运用产权优化配置环境容量资源解决环境问题提供铺垫和伏笔。

第四章剖析环境容量产权市场产生的前提及条件,分析环境容量产权交易对于污染治理的效用,并为环境容量产权交易制度设计提供思路和政策依据,为创造有利的实施环境提供建议。

第五章通过对国内外环境容量产权交易实践的分析,总结理论与实践方面的经验教训以及存在的问题,以此揭示环境容量产权交易的核心和精髓。

第六章分析了我国环境容量产权构建的动因,并对我国环境资源产权制度改革提出基本框架和路径。

第七章结论与建议。作为全书的总结,提出有关结论和政策建议,以及需要进一步研究的问题。

二 研究方法

(1) 运用博弈论的方法。分析了微观层面、中观层面以及代际层面市场主体对于环境容量资源的过度使用,而导致环境容量产权不公以及公地悲剧问题。

(2) 文献研究方法。通过收集、整理国内外有关资源环境容量产权的研究成果,通过相关的文献进行研究综述,以掌握有关的研究动态、前沿进展,学习已取得的成果、研究现状等,充分吸收前人研究的理论基础、研究方法。

(3) 多学科方法。采取政治经济学、制度经济学、环境经济学等多学科研究的方法,并将产权分析的逻辑线索贯穿始终,试图说明环境产权与监管是相互依赖的。只有依靠政府形成总量控制目标，在此前提下才会产生环境容量的产权问题，然后通过环境容量产权的界定和交易实现资源的优化配置。

（4）理论分析与经验研究相结合的方法。理论与实际相结合是研究环境容量产权的根本思路。环境容量产权既是一个理论问题，同样也是一个具有重大现实意义的实践问题。因此对环境容量产权的研究既需要在理论上进行充分探讨，也需要不断吸收来自各方面的实践经验，从中归纳总结出环境容量产权及其机制设计的一般性规律，并提炼出指导环境容量产权制度改革的路径及建议。

第六节　技术路线

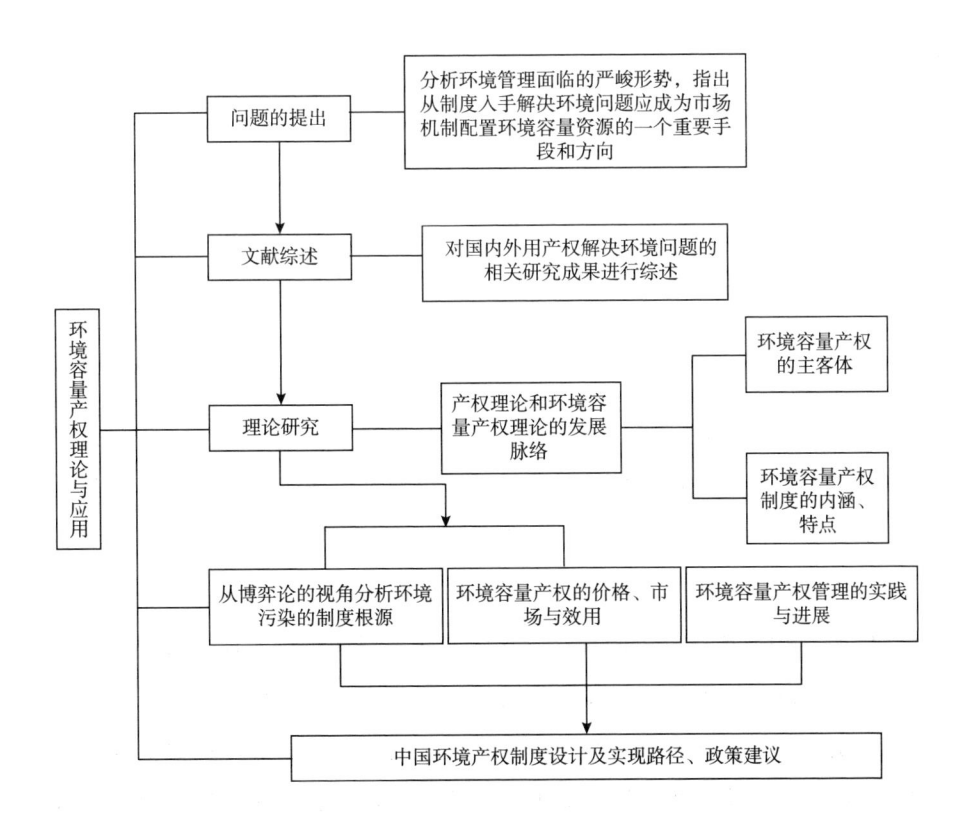

```
环境容量产权理论与应用
├── 问题的提出 —— 分析环境管理面临的严峻形势，指出从制度入手解决环境问题应成为市场机制配置环境容量资源的一个重要手段和方向
├── 文献综述 —— 对国内外用产权解决环境问题的相关研究成果进行综述
├── 理论研究 —— 产权理论和环境容量产权理论的发展脉络
│      ├── 环境容量产权的主客体
│      └── 环境容量产权制度的内涵、特点
├── 从博弈论的视角分析环境污染的制度根源 ｜ 环境容量产权的价格、市场与效用 ｜ 环境容量产权管理的实践与进展
└── 中国环境产权制度设计及实现路径、政策建议
```

第七节 特色与创新之处

（1）本书没有遵从关于环境领域引入产权只关注排污权、碳排放交易等市场机制的较为零散的研究，而是将各种环境容量产权交易实现方式纳入统一分析框架，进而提升研究的系统性、整体性、前瞻性、综合性，从理论层面分析了环境容量产权的制度基础，一定程度上弥补了产权领域对于环境容量这类公共产品资源研究的不足。

（2）从分析环境容量资源特殊性及本质特点入手，明确提出产权的客体应该是环境容量，并对比分析了环境领域引入产权的三个常用的表述，即"环境产权""环境资源产权""环境容量产权"，明确提出准确表述应该是环境容量产权，从而强调了"环境容量资源"是一种有价值的经济资源的概念。

（3）本书提出环境污染问题的产生和恶化从表面上看是没有处理好人与自然的关系，而根源在于没有处理好环境容量资源利用背后的人与人之间的关系，而且很大程度上是产权问题引起的，对环境容量资源的产权进行重新安排，以克服外部不经济行为，合理地使用环境容量资源，避免环境恶化，所以，有效的产权制度是环境保护的基础和前提。

（4）对比了所有权和产权的内在本质及区别，提出了"可交易环境许可"是一种产权制度创新。在环境容量资源归国家所有的前提下，提出了在总量控制下，将环境容量资源的某些产权项进一步分解成更加具体的权能，通过创新产权来解决环境问题的思路。提出了以行政手段统一推动，以市场机制为主导来建立健全环境容量产权制度。

（5）运用博弈论分析微观、中观以及宏观层面市场主体的行为，得出缺乏排他性的环境容量产权安排是造成公地悲剧的重要原因。从环境容量产权角度进一步完善环境资源的有偿使用制度，调整资源环境保护利益相关者之间利益关系，实现环境资源配置的帕累托改进，这一研究对于丰富资源环境产权理论及生态补偿的实践都有重要意义。

（6）提出了我国在环境资源稀缺性和外部性日益凸显的现实背景下，环境容量产权明晰收益迅速增加，应该构建以行政手段统一推动，以市场机制为主导，通过明晰环境容量产权，进行合理定价、有偿使用和市场交易，推动环境容量产权逐步从共有产权向排他性产权的演化路径。

第二章

产权理论与环境容量产权

第一节 环境的双重价值及其功能

一 价值的概念及内涵

英国古典经济学家亚当·斯密是这样描述价值（value）的："价值一词有两个不同的含义，它有时表示特定物品的效用，有时又表示由于占有某物而取得的对其他种货物的购买力，前者可叫作使用价值，后者可叫作交换价值。"[1] 亚当·斯密还进一步区分了使用价值和交换价值的关系，指出："使用价值很大的东西，往往具有小的交换价值，甚或没有；反之，交换价值很大的东西，往往具有极小的使用价值，甚或没有。例如，水的用途最大，但我们不能以水购买任何物品，也不会拿任何物品与水交换。反之，金刚钻虽几乎无任何使用价值可言，但需有大量其他物品才能与之交换。"[2] 由此可以看出，亚当·斯密区分了商品交换价值和使用价值的关系，批判了商品交换价值由其效用决定的观点。亚当·斯密还进一步提出了"自然价格"和"市场价格"的关系。他提出"自然价格"是与平均

---

[1] 〔英〕亚当·斯密：《国民财富的性质和原因的研究》（上卷），郭大力、王亚南译，商务印书馆，1981，第25页。

[2] 〔英〕亚当·斯密：《国民财富的性质和原因的研究》（上卷），郭大力、王亚南译，商务印书馆，1981，第25页。

生产费用相一致的价格,实际是指和价值相一致的生产价格。"市场价格"围绕着自然价格上下波动的主要原因是供求关系的变化。他的最终结论是尽管短时间内市场价格和自然价格或高或低地拉扯,但长远来看市场价格总是以自然价格为中心无限靠拢。

马克思批判地继承了以亚当·斯密和大卫·李嘉图为代表的古典政治经济学关于劳动价值的理论,并在此基础上建立起了劳动价值论理论。马克思指出:"如果它(指自然资源)本身不是人类劳动的产品,那么它就不会把任何价值转给产品。它的作用只是形成使用价值,而不形成交换价值,一切未经人的协助就天然存在的生产资料,如土地、风、水、矿产中的铁、原始森林的树木等,都是这样。"马克思进一步指出:"但是价格毕竟可以完全不是价值的表现。本身不是商品的东西,例如良心、名誉等,也可以被他们的所有者拿去交换货币,并通过它们的价格,取得商品的形态。所以,一种东西尽管没有价值,但能在形式上有一个价格。在这种场合,价格表现就像数学上的某些数量一样,是想象的。"

马克思明晰地指出,对于非商品物来说,它若被其所有者用以换取货币,也就使其在商品的形式上有一个价格,这对于自然资源的价格研究来说,也是适用的。在马克思主义经济学中,商品价值作为"人类劳动的凝结",是由生产商品的社会必要劳动时间决定的,商品交换以价值量为基础,遵守等量社会必要劳动相交换原则,价格随供求关系变化围绕价值上下波动,不是对价值规律的否定,而是价值规律的表现形式。

由此可以看出,关于价值的理解得到的启示:第一,是应该从对象(即物体)的存在和属性与主体(人)需要的关系中来理解"价值";第二,主体(人)的内存尺度是价值的根本尺度,客体同主体的一致程度是价值的基本标志;第三,价值产生于主体(人)对对象的实际作用,即"物的人化",而不是对象的存在及属性本身。

二 环境资源的双重价值

早在100多年前,马克思在《资本论》中就引用威廉·配弟的名言:

劳动是财富之父，土地是财富之母。① 恩格斯进一步解释为：劳动和自然界一起才是一切财富的源泉，自然界为劳动提供材料，劳动把材料变为财富。这里的自然界的含义是广泛的，除了土地之外，还包括了自然环境及生态。

环境中有形的资源、材料较早地被经济学家认识到，并作为生产要素进入人类的生产生活中。而一些无形的服务功能如新鲜空气的生命支持功能，森林净化空气、涵养水源的功能，自然环境的舒适性功能虽然也参与了财富的创造，但却没有得到相应的关注和重视。随着可持续发展理念在全球逐步确立，越来越多的学者开始关注环境资源的功能及价值，环境资源的价值与功能也逐步成为环境经济学研究的重要内容和领域。最早提出"舒适型资源的经济价值理论"的经济学家是 John V. Krutilla（1967），他在其经典论著《自然保护的再认识》中提出"未被破坏的自然环境可以为当代和后代提供舒适的生活"，"拥有独特吸引力的自然环境可以用于一定的娱乐活动和科研活动"。他首先把存在价值和非使用价值引入主流经济学的文献中，他认为某些社会成员对独有的、不可替代的自然环境的存在进行价值评价时，不一定是作为主动的消费者而是以价格歧视的垄断所有者的身份来给予评价。② 1975 年，克鲁梯拉与费舍尔（Anthony C. Fisher）又合著了《自然环境经济学——商品性资源和舒适性资源价值研究》（*The Economics of Natural Environments: Studies in the Valuation of Commodity and Amenity Resources*）一书，进一步探讨了如何评价无法人工制造的自然资源的价值问题，并将资源分为商品性资源和舒适性资源两大类。

之后，越来越多的环境经济学家遵循克鲁梯拉的研究思路，对环境资源的经济价值进行了深入有益的探讨。其中，皮尔斯（D. Pearce）提出的概念较具代表性，他认为环境资源的总经济价值（economic value）由使用价值（use value，UV）和非使用价值（non use value，NUV）构成，下面

---

① 马克思:《资本论》第 1 卷，人民出版社，1972，第 57 页。
② John V. Krutilla. *Conservation Reconsidered*, *American Economic Review*, Vol. 57, 1967, pp. 777 – 786.

又可分为直接使用价值（DUV）、间接使用价值（IUV）、选择价值（OV）、馈赠价值（BV）和存在价值（EV）5个构成要素。（表2-1）

表2-1 环境价值的构成

环境总价值（TEV）	使用价值（UV）	直接使用价值（DUV）	可直接消耗的量	·食物 ·生物量 ·娱乐 ·健康
		间接使用价值（IUV）	功能效益	·生态功能 ·生物控制 ·风暴防护
	非使用价值（NUV）	选择价值（OV）	将来的直接和间接使用价值	·生物多样性 ·保护生存栖息地
		馈赠价值（BV）	为后代遗留下来的使用价值和非使用价值的价值	·生存栖息地 ·不可逆改变
		存在价值（EV）	继续存在的知识价值	·生存栖息地 ·濒危物种

资料来源：皮尔斯等：《世界末日》，第116~120页。

李金昌根据环境的功能和作用，将环境价值分为有形的资源价值和无形的生态价值，认为应当重新认识资源的价值构成。他把稀有的生物物种、重要的生态系统和珍奇的景观等环境资源称为"舒适型资源"，并认为这类资源具有真实性、唯一性、不确定性和不可逆性等特征。[1] 克鲁梯拉（Jone V. Krutilla）认为，当代人直接或间接利用舒适型资源获得的经济效益是其"使用价值"，当代人为了保证后代人能够利用而做出的支付和后代人因此而获得的效益是其"选择价值"，人类不是出于任何功利的考虑，只是因为舒适性资源的存在而表现出的支付意愿，是其"存在价值"。[2] 这一理论为后来研究舒适性资源的经济价值奠定了理论基础。董照辉将自然资源分为两类，一类是生产性资源，是指可以直接投入生产过

---

[1] 李金昌：《价值核算是环境核算的关键》，《中国人口·资源与环境》2002年第3期。

[2] Jone V. Krutilla, "Conservation Reconsideration," *American Economic Review*, Vol. 57, No. 4.

程，直接用于人类生产生活所需的产品的生产的，包括物质性资源和舒适性资源；另一类是维持性资源，虽然不直接投入生产过程，但是人类生产、生活所必需的，是维护生产、生活和维持生态系统良性循环所必需的资源，是生产和生活活动过程开始的基础和延续，可成为维持性资源，包括环境容量资源和自维持性资源。① 汉利（Nick Hanley）等认为，环境扮演着两个角色或功能：一个是资源提供者的角色，另一个是容纳并净化废弃物的功能。② 鲁传一认为，自然环境除了作为人类的生命保障系统外，还具有四种经济功能：公共消费品、自然资源的供给者、废弃物的接收者和经济活动的位置空间。③ 霍斯特·西伯特（Horst Siebert）所著的《环境经济学》中，环境概念包括了自然资源，因此环境问题不仅包括环境污染问题，也包括自然资源耗竭的问题。④ 马中认为环境具有四种功能，分别是：自然资源的提供者、废弃物的接收者、舒适性的提供者和生命保障系统，这四种功能并不可以完全分割开来，这几种功能间可能是竞争性的也可能是互补性的。⑤

综合来看，国内外环境学界对环境价值的构成主要有两种分类法。

第一种分类是将环境总价值分为使用价值和非使用价值。非使用价值又分为存在价值和馈赠价值，还有选择价值，可以归于使用价值，也可以归于非使用价值。不同经济学家对于环境总价值中各组成部分的划分与命名略有不同。第二种分类是将环境价值分为两部分：一部分是比较实的有形的物质性的商品价值，一部分是比较虚的无形的舒适型的服务价值。

比较而言，第一种分类比较精细、深刻，对理解环境价值所包含的

---

① 董照辉：《舒适性资源相关理论的探讨》，《2006年中国可持续发展论坛——中国可持续发展研究会2006学术年会经济发展与人文关怀专辑》，2006。
② Nick Hanley, Jason F. Shogren, Ben Wite：《环境经济学教程》，曹和平、李虹、张博译，中国税务出版社，2005，第2~3页。
③ 鲁传一：《资源与环境经济学》，清华大学出版社，2005，第25~27页。
④ Horst Siebert, *Economics of the Environment: Theory and Policy*, Springer – Verlag Berlin and Heidelberg GmbH & Co. K, 2008.
⑤ 马中主编《环境与自然资源经济学概论》，高等教育出版社，2006，第51~54页。

内容、范围和意义大有启发。但是，在几种价值之间尤其是在馈赠价值、存在价值和选择价值之间的界限比较模糊，而且难以定量化计算。第二种分类虽然比较简略，但它较为概括，而且便于定量计算。本书采用了第二种划分方法，将环境的功能大致划分为两类，一是生态服务功能，即环境的吸收净化功能、生态系统的生命支持功能和环境舒适性功能；二是资源供给功能，即为经济系统提供矿产、土地等原材料的功能。由此，笔者指的环境容量也只涉及环境的生态服务功能，不涉及自然资源的利用问题。（图 2-1）

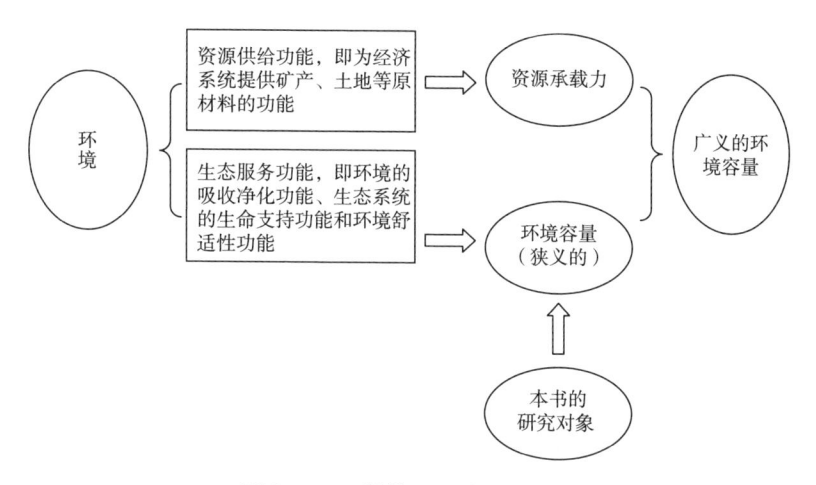

图 2-1　环境的双重价值及功能

值得注意的是，越来越多的学者开始关注环境价值的定量化评估，并将其进行货币化评估，目前，这方面的评估主要集中在森林生态效益等上。例如，2011 年，为了提高人们的生态意识、完善生态效益补偿机制、推进绿色 GDP 核算，国家林业局昆明勘察设计院对云南省的森林生态系统服务功能进行货币化的定量估算，结论得出云南森林生态系统服务功能每年的总价值为 14838.91 亿元。目前，生态系统服务功能价值评估已成为当前环境经济学的研究热点，大量的研究主要集中于对我国森林、湿地等领域的生态系统服务价值评估以及省域生态价值测算方面，但如何建立一套全球统一的、科学的、具有较强操作性的评估标准，是当前推动生态产品价值实现迫切需要解决的问题。

第二节 环境容量的概念及内涵

一 环境容量的概念

"环境容量"作为一个概念提出最初是指既定条件下的生物承载能力（Capacity），后来在关注人口增长引起的生存问题争议中提出"环境人口容量"（Population Capacity），旨在针对"二战"以来人口快速膨胀对资源需求激增带来的生存忧虑进行解释，认为地球的有限性难以承载不断增加的人口。马尔萨斯著述的《人口原理》就表达了对人口增长带给现实世界压力的深切忧虑。而这种对"环境人口容量"的关注一直伴随着我们走过了两个世纪，其忧患感也在与日俱增。继20世纪70年代罗马俱乐部出版的《增长的极限》之后，90年代联合国环境与发展大会（UNCED）更将对人类生存环境的忧虑提到了全球层面，首次提出人类"只有一个地球"（Only one earth）的观点，这其中蕴含的环境有限性理念，无疑启示我们必须从"环境容量"的视角来审视人类发展。基于上述，笔者欲意表达的环境容量就是指既定时空限定下的区域资源拥有量、供给量或承载力。

1. 广义的环境容量

对于环境容量涵盖的内容，学术界主要有以下两种看法。

第一种观点认为环境容量主要是指环境资源对于污染物的吸纳和自净能力的指标和度量，即主要是指环境资源的生态服务价值或功能对于人类活动的允许限值。他们将环境的"环境"功能和"资源"功能分开了。认为环境容量是"环境承载力"。如张象枢认为："环境容量资源指自然环境扩散、储存、净化人类活动排放的各种污染物质和环境影响因子的功能。自维持性资源是自然资源支持一些生命系统存在，维持生态系统平衡和生态系统持续发展的功能。"① 张刚、宋蕾认为，环境容量是指某一环境区域内对人类活动造成影响的最大容纳量，也即是环境对污染物容纳功能的大小，环境容量不仅反映了环境对于污染物的承载能力，而且通过生态平衡的表现形式反映了物质平衡理论。② 杨振认为，环境容量是指环境系统的结构与功能不受难以恢复的骚扰或损害，所能吸纳的污染物的最大负荷量，它体现的是环境系统具有的调节和自净能力。如果人类社会经济活动和污染物排放超过环境的自净能力，环境系统功能就会被破坏。③ 邢永强等对生态环境承载能力与环境容量的概念进行了区分，认为环境容量是指某区域环境系统所允许容纳污染物的最大数量，或指人类生存的自然环境整体及其组成要素（如水、空气、土壤及生物等）对人类活动所造成影响的最大承受量或负荷量。环境容量一词强调的是环境对人类活动影响的容纳能力，或相对于一定环境目标下的允许人类活动带来的破坏力上限。针对研究对象的不同，环境容量又可以分为大气环境容量、水环境容量、土地环境容量等。生态环境承载能力是指在一定时期内，在一定的生产力和科技水平条件下，在保证一定的社会福利水平要求下，利用当地可利用（和外来调入）的自然资源以及区域的环境条件，为能维系当地社会经济可持续发展和生态系统良性循环，所能够支撑的最大社会经济或生态系统发展规模。他们据此认为生态环境承载能力的内涵要比环境容量广泛。环境容量是区域生态环境承载能力在环境容许负荷方面的一种表达，而生态环境承载能力则是对整个社会经济系统是否可持续发展、是否能满足人与自然和谐发展目标的更高层次的度量。④ 余春祥认为环境容量是指区域自然环境和环境要素（如水体、空气、土壤和生物等）对人为干扰或污染物

---

① 张象枢：《环境经济学》，中国环境科学出版社，2001，第2页。
② 张刚、宋蕾：《环境容量与排污权的理论基础及制度框架分析》，《环境科学与技术》2013年第4期。
③ 杨振：《基于环境容量的能源消费碳排放空间公平性研究》，《中国能源》2010年第7期。
④ 邢永强等：《浅议生态环境承载能力与环境容量的区别与联系》，《河南地球科学通报》2008年（中册）。

容许的承受量或负荷量，资源承载力是指资源能够承载经济发展规模和速度的能力。①

第二种观点认为环境容量就是环境资源承载能力，它不仅包括了环境资源的原材料提供的功能，还包括了环境容纳废弃物的功能；既包括"环境承载力"也包括"资源承载力"。如汪新波在《环境容量产权解释》中这样表述：环境资源承载能力（carrying capacity）又称为"环境容量"（environmental capacity），当环境资源提供的物质和能量超过了自然再生能力，容纳的废物超过了其自然净化能力时，环境必然要出现损害和退化。因此，汪新波将环境容量定义为：在不损坏环境质量的前提下，一定时期内可以划拨给人类使用的环境资源的数量。在这里，他将环境容量表示为人类提取原材料和排放污染物的强度上限。②

由于环境对人类具有生态服务功能和资源供给功能，而人类的生产生活过程是不断从自然界提取原材料和排放废弃物的过程。任何人类的活动都会对环境产生影响，为了使人类活动不至于对大自然产生巨大的不可逆的破坏性影响，有必要对人类活动设定一个上限值，环境容量就是在这样的背景下引入的。因此，广义的环境容量也称作环境资源承载力，是指在一定时期内特定区域环境质量不降低的前提下，该环境对人类活动支持能力的最大限值，包括环境对污染物的最大容纳量和可供人类使用的环境资源的最高限值或最适利用度。人类的生产生活就是利用环境容量的过程。

2. 狭义的环境容量

值得注意的是对于环境经济学的研究范围，国内外都存在着不同的看法。第一种观点认为自然资源的合理利用应该属于环境经济学的研究范围，自然资源经济学是环境经济学的一个分支；第二种观点认为，环境所具有的容纳和净化废弃物的能力本身就是一种资源即环境资源，因而一些人认为应该把专门研究环境污染与治理问题的环境经济学视为自然资源经

---

① 余春祥：《可持续发展的环境容量和资源承载力分析》，《中国软科学》2004年第2期。
② 汪新波：《环境容量产权解释》，首都经济贸易大学出版社，2010，第12页。

济学的一个组成部分；第三种观点是将环境经济学和自然资源经济学视为两个彼此相对独立的经济学分支。必须指出的是，环境污染与治理和自然资源合理利用的划分界限是相当模糊的。本书采纳了将环境经济学和自然资源经济学视为彼此相对独立的经济学分支的观点，即仅仅将环境的生态服务功能作为研究对象，不涉及自然资源的合理利用问题。因此，狭义的环境容量是指在一定时期内特定区域环境质量不降低的前提下，环境对人类排放污染物的最大容纳量。

近年来，"环境容量"一词频繁出现于我国的各种官方场合，其所指的"环境容量"是狭义上的环境容量。2012年12月，时任国务院副总理的李克强同志在中国环境与发展国际合作委员会2012年年会开幕式上指出："当前，中国生态环境恶化的趋势有所减缓，但资源相对不足、环境容量有限仍是发展的'短板'。" 2011年12月20日，李克强同志在第七次全国环境保护大会上讲话中四次提到环境容量，指出："当前，一些地区污染排放严重超过环境容量，突发环境事件高发"；"人口多，资源相对不足、环境容量有限，已成为我国国情的基本特征"；"把环境容量和资源承载力作为发展的基本前提"；"不同地区经济发展水平、资源禀赋、环境容量和生态状况都有很大差异"。河南省政府还以官方文件正式下发了《河南省人民政府办公厅关于转发河南省环境容量状况研究报告的通知》，开创了我国对省际环境容量测量的先河。但我国对于环境容量的测定实践已经在21世纪之初就开始了。2004年底，国家环保局重点监控的宁夏银川市与石嘴山市就已完成大气环境容量的测算工作，为两市治理城市大气污染源、改善空气质量提供了科学的控制方案，也为治理提供了依据。同时，宁夏也编制完成了《水环境容量核定实施方案》和《地表水环境容量测算技术报告》，并通过了国家环保总局的预验收。虽然由于环境条件和污染物排放具有相当的复杂性，"准确计算特定地区的环境容量有些困难，有时候用的指标不同，算出来的量值可差出20倍以上"，但毕竟强化了环境容量资源有限的概念，并为环境容量的定量化测定进行了有益的探索和实践。

党的十八大以来，以习近平同志为核心的党中央把生态文明建设纳入"五位一体"总体布局，提出要建设美丽中国，实现中华民族永续发展，实现环境资源的永续利用成为重要理念和发展目标，"生态红线""环境容量"的理念全面确立。习近平总书记多次提出，在生态环境保护上一定要算大账、算长远账、算整体账、算综合账，不能因小失大、顾此失彼、寅吃卯粮、急功近利。"不能寅吃卯粮"蕴含着环境容量有限性的理念，明确了经济社会发展不能透支环境容量。2018年6月发布的《中共中央 国务院关于全面加强生态环境保护坚决打好污染防治攻坚战的意见》中提出："着力扩大环境容量和生态空间，全方位、全地域、全过程开展生态环境保护。"2019年2月1日，习近平总书记在《求是》上发表的《推动我国生态文明建设迈上新台阶》中指出："之所以反复强调要高度重视和正确处理生态文明建设问题，就是因为我国环境容量有限，生态系统脆弱，污染重、损失大、风险高的生态环境状况还没有根本扭转。"在环境容量也是资源、也具有有限性的理念下，我国全面建立了生态红线制度，中共中央办公厅、国务院办公厅2017年2月印发了《关于划定并严守生态保护红线的若干意见》，要求2020年年底前，全面完成全国生态保护红线划定，勘界定标，基本建立生态保护红线制度。由此可见，环境资源利用中"不要寅吃卯粮"以及生态红线制度的全面实施，都蕴含着环境容量有限性的理念和经济社会发展不能超越环境容量底线的发展观念。

由于环境容量是在环境不受到不可逆或不可恢复的损害的前提下，某一区域环境所能容纳的污染物的最大负荷量，因此从理论上讲，环境容量可以测定而且容易理解。但由于环境是影响人类生存和发展的各种天然的和经过人工改造的自然因素的总体，很难对某个区域范围笼统地设定一个环境容量。现实中比较有可操作性的做法是对某类污染物的排放设定一个总量，因此环境容量可以用污染物排放的数量和总量来表示一个区域的环境容量。对于狭义环境容量的定义和内涵，学术界又有两种看法。

一种观点认为环境容量是在人类生存和自然生态不致受害的前提下，

某一环境所容纳的污染物的最大负荷量。① 这种定义认为"理论上"一定存在一个环境容量的阈值，超过这个阈值，环境就将受到破坏，这个阈值就是环境容量的大小。

另一种观点认为环境容量是在既定的环境质量目标下，某一环境所能容纳的污染物的数量。② 这种定义认为环境目标的不同会导致环境容量大小的不同，即环境目标的提高会导致较小的环境容量，人为设定环境质量目标的降低会产生较多的环境容量。这个环境容量实际上指的是在确定的环境目标下所允许的排污量，即实际上指的是可供人类利用的环境容量。

笔者认为，第一种观点中的环境容量是环境容量的"总量"，而第二种观点中的环境容量是可供人类利用的环境容量。由于环境容量是一种最具有广泛意义的公共产品，其所有者是全人类，包括尚未出生的子孙后代，具有消费上的非竞争性和非排他性。为了引入市场机制来优化环境容量资源的配置，人类经过适当的设计，将最具广泛意义的环境容量资源施加产权并像私人物品一样进行交易。一般的做法是首先由政府确定出一定区域一定时期的环境质量目标，并据此来评估主要污染物允许的最大排放量，并将排放这种污染物的"排放权"即"环境容量的使用权"分配给市场主体，并建立交易市场使这种环境容量的使用权能够被合法地买卖。因此，这里的环境容量是指在人为设定的既定环境质量目标前提下，可供利用的环境容量。

综上所述，笔者给环境容量下的定义是：环境容量是指在设定的环境质量目标下，某一区域在特定时期内所能容纳的污染物的最大数量，或最大的纳污能力。环境质量目标设定的不同会导致环境容量大小的不同。目前，我国学术界和环境管理中使用的"环境容量"主要是指狭义的环境容量，即环境吸纳污染物的最大容量。环境容量是依附于整个生态系统的一

---

① 鞠建林：《浅谈环境容量资源之配置》，《环境污染与防治》1997 年第 4 期。
② 田贵全：《水环境容量资源的有偿使用探讨》，《山东环境》1994 年第 5 期。

个抽象存在,是为了限制人类行为对整个生态环境的负面影响而人为拟定的概念。

二 环境容量的特点

1. 环境容量的效用特征

由于人类的生产生活必然会产生废弃物,消耗一定的环境容量,因此,环境容量同其他自然资源一样,是人类必需的生产要素,即环境容量对人类是有效用的,这就是环境容量的效用特征。

克尼斯的物质平衡理论最早揭示了环境容量的效用特征,他认为标准的经济学分配理论是关于服务而不是关于物质实体的,物质实体只是携带某种服务的载体。整个经济系统的投入是燃料和原材料,它们一部分转换成最终商品,另一部分变成污染物供负服务(例如,污水杀死鱼类、废气损害人体健康、森林消失导致部分物种灭绝、酸雨损坏建筑物等)。除了增加储存外,最终商品最后也进入残余物流。因此,被"消费"的商品实际上只是提供了某些服务。它们的物质实体仍然存在,必然是被重新利用或是被排入自然环境中。因此,克尼斯认为,从环境与经济关系的角度来考察生产和消费活动时,就会发现许多市场机制没有解决的问题,并认为传统经济学假定环境(如水、空气等)是一种没有价值的公共产品,不论是作为资源还是作为污染物的倾倒场,导致了市场的失灵进而只能达到环境资源配置的"次优"而非"最优"。因此,克尼斯隐含了环境作为资源提供和作为容纳污染物的场所的两种功能和效用。

只是与环境提供资源的功能相比,环境容量的这种效用是比较抽象的。以水资源和水环境容量为例,水资源有明显的实体形态,用以直接供生物利用或以实体的形式直接进入生产过程,而水环境容量资源没有实物形态,它提供的仅仅是容纳和降解污染物功能,水环境容量资源容纳和降解污染物的功能源于水中发生的物理反应、化学反应、水生物对污染物的吸收或转化,而这些都必须依附水资源这个载体。但环境容量是人类不可

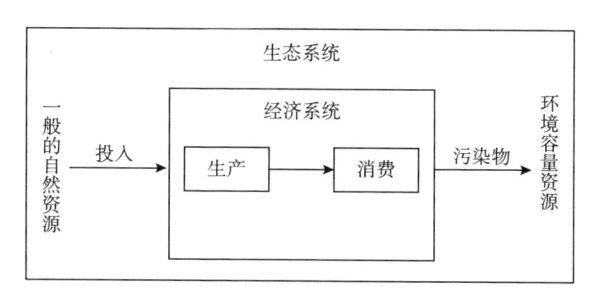

图 2-2　一般的自然资源和环境容量资源的不同功能

或缺的生产要素。"环境容量资源虽然不是直接的生产原材料或生产手段，但它是生产得以正常进行所必不可少的条件，因为任何生产活动都将产生一定的废物，因而都需要占用一定量的环境容量资源。"[①] 一般的自然资源和环境容量资源的不同功能可以通过图 2-2 进行生动的展现。

2. 环境容量的有限性

某一特定的环境（如一个城市、一个流域、一个区域）对污染物的容量是一定的，与空气、水等取之不尽、用之不竭的资源不同，环境容量是有限的。在一定的时间、空间、自然条件及社会经济条件下，当区域保持一定的稳定结构与功能时，环境所能容纳的物质量是有限的。尤其是某一特定环境的自然过程、社会经济发展方式及规模对于环境容量的阈值有极大的制约。无论是环境整体结构还是其功能，环境要保持稳定都必须遵从最小限制因子原则。因此，不论是整体环境单元还是单一环境要素，环境容量都是有限的，人类活动必须在环境容量阈值之内才能达到良好的环境质量目标。

1960 年美国学者鲍丁提出的"宇宙飞船"经济理论，就生动形象地说明了环境容量的有限性特征。鲍丁认为，地球只是茫茫太空中一艘小小的宇宙飞船，人口和经济的无序增长迟早会使飞船内有限的资源耗尽，而生产和消费过程中排出的废料将使飞船受污染，毒害船内的乘客，此时飞船会坠落，社会随之崩溃。他在 1966 年提出，地球资源与地球生产能力是有

---

① 李爱年、胡春冬：《环境容量资源配置和排污权交易法理初探》，《吉首大学学报》（社会科学版）2004 年第 3 期。

限的，必须自觉意识到环境容量是有限的，未来在封闭的地球上，建立循环生产系统。因此，在地球这个"宇宙飞船"上，人类必须将活动限制在资源承载能力和环境容量范围内，避免出现或超过"增长的极限"。环境质量与排放的污染物总量之间的关系可以用图 2-3 来表示。

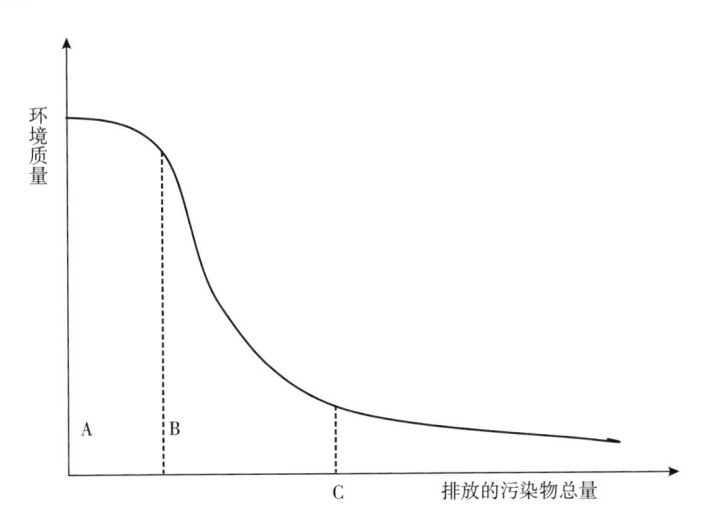

图 2-3　环境质量与排放的污染物总量之间的关系

在 A 阶段，排放的污染物在环境容量或环境的自净能力范围内，污染物可完全被环境所降解，因此环境质量不会出现大的降低；在 B 阶段，污染物超出环境容量范围，超过了环境的自净能力，对生态环境造成损害，且损害随污染量的加大而加大；在 C 阶段，环境完全遭到破坏，生态系统崩溃，污染量的增加对环境质量无甚影响。就我国的现实情况看，目前除少数局部环境单元外，大部分地区处于 B 阶段，即经济社会发展超过了环境容量，已经对环境造成了损害，环境质量出现了大幅下降，但还不至于使整个生态系统崩溃。

讨论环境容量的有限性特征，更具有经济学意义的是引入"稀缺性"的概念。稀缺性（scarcity）是经济学中一个极为重要的概念，经济学产生于稀缺性。理解稀缺性最好的例子也许就是瓦尔拉斯（Walras）给社会财富即经济货物下的定义。他说：所谓社会财富，我指的是所有稀缺的东西，物质的或非物质的（这里无论指何者都无关紧要），也就是说，它一方面对我们有用，另一方面它可以供给我们使用的数量却是有限的。① 张五常认为："凡是人愿意付出或多或少的代价来争取多一点的物品，都是缺乏的、不足够的，那就是经济物品了。"从中我们可以看出，稀缺性产生是基于以下两个原因：一是经济资源或生成物品的资源是有限的，另一方面，人们的欲望和需要却又是无止境的，因此就产生了稀缺性。因此，稀缺性指的是相对于在一定时期或时点上的人类需求资源的有限性。

那么，相对于人类"欲望"的"稀缺性"体现在以下几个方面：一是人们为获取任何经济物品都必须付出代价，即"天下没有白吃的午餐"；二是人们不得不做出选择即鱼和熊掌不可兼得；三是人类如何也摆脱不了竞争。

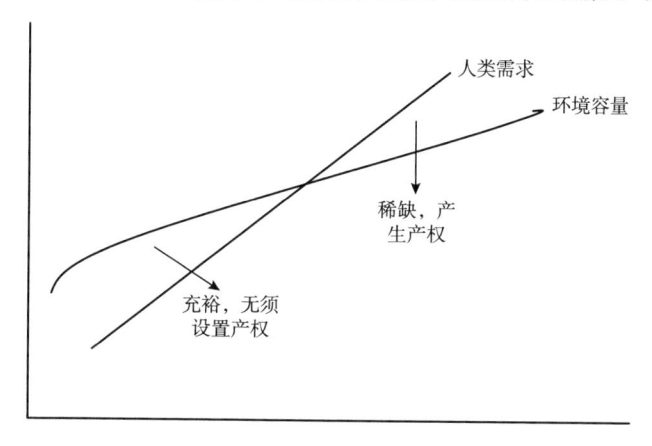

图 2-4 有限性与稀缺性的关系

"有限性"说的是"供给我们使用的东西数量是有限的"；"稀缺性"说的是相对的概念，即相对于人类需求而言，因此，"稀缺性"是一个动态的概念。这种"有限"的东西如果大于人类需求，那么"稀缺性"就不存在了，如果人类需求超过其数量，才存在"稀缺性"。在图 2-4 中，环境容量是一条向上倾斜的曲线，说明技术的进步会拓展人类的生存空间，因此，环境容量随之加大。但当环境容量大于人类需求时，产权设置的收益为零，因此，无须设置产权。当人类需求大于环境容量供给时，稀缺性

---

① 〔法〕莱昂·瓦尔拉斯：《纯粹经济学要义》，蔡受百译，商务印书馆，1989。

就开始出现,产权也随之产生。

3. 环境容量的共有资源特征

共有资源是指在消费上具有非排他性和竞争性的一类物品。根据曼昆的定义,共有资源与公共产品一样在消费上具有非排他性,任何人都可以免费使用这类资源,但是,它具有消费上的竞争性,即一个人使用共有资源会减少其他人对它的使用。奥斯特罗姆把这类资源称为"公共池塘资源"(Common Pool Resources)。①"拥挤效应"和"过度使用"是这类资源长期存在的共同问题。环境容量就是这样一类共有资源。首先,环境容量资源具有消费上的非排他性。想要阻止一个人或企业利用环境容量即向环境中排放废弃物的成本很高,甚至基本是不可能的。在这一点上,环境容量资源和公共产品是一致的。其次,与公共产品不同的是,可供利用的环境容量资源在消费上具有竞争性。在特定环境质量目标下,单个企业或个人多排放一些废弃物,便多占用了环境容量,其他企业或个人就只能减少对环境容量的使用。

在经济社会发展的早期,人口数量少、人类的生产生活规模不大、强度也较小,向环境排放的废弃物在环境的净化能力之内。这时,环境容量并不表现出消费上的竞争性特征,人们可以自由地、不受任何限制地使用环境容量资源。当使用者数量不断增多,但只要在环境容量允许的范围内,环境容量资源不会出现消费上的竞争性,增加额外使用者的边际成本为零,这时它很像纯粹的公共产品;但当使用者继续增多,接近容量限制时,增加额外使用者的边际成本开始出现,环境容量资源开始表现出竞争性;当使用者的数目不断增加,超过容量限制时,增加额外使用者的边际成本急剧上升,环境容量资源表现出很强的竞争性。因此,环境容量属于拥挤性公共产品,即它具有非排他性,但达到一定使用水平后就成为具有竞争性的公共产品,如图2-5所示。

---

① 〔美〕埃莉诺·奥斯特罗姆:《公共事物的治理之道:集体行动制度的演进》,余逊达、陈旭东译,上海三联书店,2000。

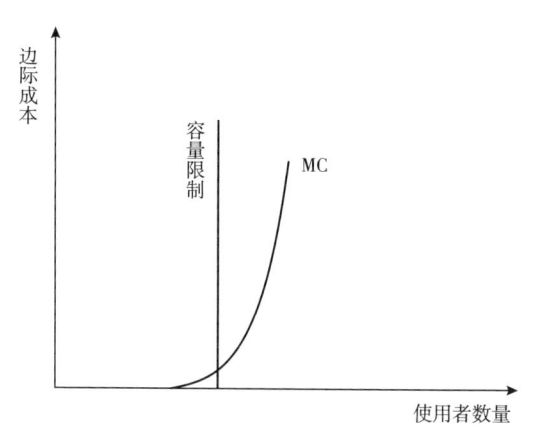

图 2-5 使用环境容量资源的边际成本

第三节 产权理论及分析逻辑

一 从科斯定理来理解产权

1. 科斯定理

科斯定理是由诺贝尔经济学奖得主罗纳德·哈里·科斯（Ronald H. Coase）命名。科斯在1960年《法律与经济学杂志》第3卷发表的《社会成本问题》一文中，对传统经济学给他人产生有害影响的那些工商企业的行为给出的解决方法提出质疑，认为"传统的方法掩盖了不得不做出选择的实质"，指出了"问题的相互性"，即"是允许甲损害乙，还是允许乙损害甲？关键在于避免较严重的损害"。接着，他分析了一个走失的牛损坏邻近地里的谷物而引发的矛盾和冲突，并给出了两种解决方案：养牛者是否应该赔偿农夫所有谷物损失？政府是否应该采用征收庇古税减少牧场主饲养的牛群的数量？甚至为保护农夫的谷物不受损失而禁止牧场主养牛的行为？为此，科斯做了两种完全不同的假设："对损害负有责任的定价制度"和"对损害不负责任的定价制度"，并对这两种情况下如何实现资源的最优配置进行了详细的分析。

科斯认为,在对损害负有责任的定价制度下,"不论是牧场主支付给农夫一笔钱让他放弃土地的耕种,还是牧场主支付给土地所有者一笔稍高于农夫给的钱(若农夫自己正租种土地的话)而自己租下土地,最终结果都一样,即实现了产值最大化"。在对损害不负责任的定价制度下,由于牧场主的牛践踏农夫的谷物不需要承担任何责任,牧场主不必因其行为对农夫造成的损失支付赔偿,这时农夫为了减少损失,就不得不主动与牧场主进行谈判,并补偿自己一定的损失,以换取牧场主将牛群的数量限制在一定的范围内,这时的资源配置状况就与"对损害负有责任的定价制度"下牧场主承担损害赔偿责任时的情况一样,都实现了资源的最优配置。

因此,科斯得出的结论是:"如果定价制度的运行毫无成本,最终的结果(产值最大化)是不受法律影响的",这一结论被称为科斯第一定理:即如果交易费用为零,不管产权初始如何安排,当事人之间的谈判都会导致那些财富最大化的安排,即市场机制会自动达到帕累托最优。但现实生活中交易费用为零只是一种假设的结果,并不可能,连科斯本人也这样认为。他在1988年声明:零交易成本被描述为科斯世界,没有比这更偏离事实的,我本人极力说服的就是离开零交易成本的世界。因此,"利用价格机制是有成本的",这种成本可以概括为"发现相对价格的成本和签订和约的成本",即存在交易费用,交易成本为正时,"法律权利的初始界定对经济制度的运行效率产生特别重要的影响"。这说明在交易费用为正的情况下,权利的不同界定和分配,导致的资源配置效率是不同的,这被称为科斯第二定理:即在交易费用不为零的情况下,不同的权利配置界定会带来不同的资源配置;所以产权制度的设置是优化资源配置的基础。

科斯的这些结论被 Stigler 在 1966 年总结为我们今天熟知的"科斯定理"(Coase theroy),科斯也因为对交易成本理论、产权理论、法律经济学与新制度经济学有极大贡献,于 1991 年获得诺贝尔经济学奖。由于现实世界中不存在交易费用为零的理想状况,因此,科斯第二定理才是科斯产权理论的核心部分，它把权利安排即制度形式与资源配置直接关联起来，使人们认识到权利（产权）的初始界定与经济运行效率之间存在内在联系。即不同的产权制度和法律制度，会导致不同的资源配置效率，产权制度成为决定经济效率重要的内生变量。

在《社会成本问题》中，很难找到科斯第三定理的直接表述，但在产权经济学各个理论领域的分析中，又能看到该定理的广泛使用。科斯第三定理是指：由于制度本身的生产不是无成本的，因此，不同的制度将导致不同的经济效率。如果没有产权的界定、保护、监督等规则，即如果没有产权制度，产权的交易将难以进行。产权制度是人们进行交易、优化资源配置的基础和前提条件。合理、清晰的产权界定有助于降低交易成本，因而激发人们对界定产权、建立规范产权规则的热情。但是，产权制度的供给本身也是有成本的。在交易成本大于零的前提下，由政府选择最优的初始产权安排，就有可能使福利在原有的基础上得以改善。因此，科斯第三定理给我们的启示是：要从产权制度的成本收益比较的角度，选择合适的产权制度。[①]

在科斯的三个定理中，科斯第二定理是科斯定理的核心部分，而科斯第三定理是科斯第二定理的补充。科斯第三定理所要解决的就是科斯第二定理的问题。科斯定理的两个前提条件是明确产权和交易成本。科斯定理表明：市场的真谛不是价格，而是产权。只要有了产权，人们就自然会"议"出合理的价格来。但是，明确的产权只是通过市场交易实现资源优化配置的一个必要条件而不是充分条件。

2. 科斯定理的启示

第一，科斯定理的目的是强调社会总效率的提高。科斯指出，在一方给另一方造成损害的争端中，要摆脱谁是谁非的问题，应从总体的、全社会的角度去分析和研究。在他看来，如果获益方造成的损害所换来的社会收益大于这种损害给社会带来的成本，那么被害方就应为大众利益忍受由

[①] 蓝虹：《环境产权经济学》，中国人民大学出版社，2005，第75~76页。

此而造成的损害。可见，科斯追求的是社会总收益、总效率最大化，而不像庇古所追求的是全社会总福利的提高。

第二，科斯定理研究的是调整各经济主体间责任和权利的关系。他研究的是各经济主体在生产中如何通过充分自由协商，调整其责任和权利，最大限度地增加社会总产品。可见，科斯研究的不是庇古所解决的收入分配问题，而是人与人在生产中的关系。

第三，科斯认为要解决外部不经济，提高经济效益，可通过产权制度变革，达到产权归属清晰，使经济当事人得到他本该得到的利益，或免除他不该承担的费用。

第四，科斯认为，可以通过明晰产权，借助市场交易来减少外部不经济性。

二 产权内涵及特征

产权（property rights），简单地说就是财产权或财产权利。关于产权的定义不同学者从不同角度进行了阐述。菲吕博滕和佩杰威齐（Furubotn & Pejovich）在《产权与经济理论：近期文献的一个综述》一文中对产权的定义进行了归纳总结，指出："产权不是指人与物之间的关系，而是指由物的存在及关于它们的使用所引起的人们之间相互认可的行为关系……产权安排确定了每个人相应于物时的行为规范，每个人都必须遵守他与其他人之间的相互关系，或承担不遵守这种关系的成本。因此，对共同体中的通行的产权制度是可以描述的，它是一系列用来确定每个人相对于稀缺资源使用时的地位的经济和社会关系。"[①] 费希尔（L. Fisher）指出："一种产权是当它承担享用这些权益所支付的成本时的自由权或是允许享用财产的收益……产权不是物质财产或物质活动，而是抽象的社会关系。一种产

---

① E. G. 菲吕博滕、S. 佩杰威齐：《产权与经济理论：近期文献的一个综述》，载〔美〕R. 科斯等《财产权利与制度变迁——产权学派与新制度学派译文集》，上海三联书店，1994。

权不是一种物品。"阿尔钦《新帕尔格雷夫经济学大辞典》中关于产权的定义是：产权是授予个人某种权威的办法，利用这种权威，可以在不被禁止的使用方式中，选择任意一种对特定物品的使用方式。这种产权发生的两条基本途径：一是在国家强制实施下，保障人们对资产拥有权威的制度形式；二是产权是通过市场竞争形成的人们对资产能够拥有权威的社会强制机制。由此来定义产权，可以将产权理解为由政府强制和市场强制所形成的两方面相互统一的权利。巴泽尔也认为，产权不仅仅是法律赋予的权利，"个人对资产的产权由消费这些资产、从这些资产中取得的收入和让渡这些资产的权利或权力构成"。① 比较权威的《新帕尔格雷夫经济学大辞典》则站在经济范式的立场上给出产权的定义："产权是一种通过社会强制而实现的对某种经济物品的多种用途进行选择的权利。"并进一步地把产权种类划分为私有产权、政府产权、非存在产权、共有产权等。

由此可以看出，关于产权的定义，不同学者源于对产权范畴本身的理解以及给定前提条件的不同，给出的定义便不同。显然，很难给产权下一个统一的既全面而又精准的定义，人们总是从某一角度根据特定的研究需要及理解来定义产权。科斯的贡献在于重新奠定了经济学的产权基础，产权是成本的基础，社会成本（外部性）问题其实是产权界定问题。虽然关于产权概念不一而同，但本质上，不同定义基本都体现了产权的以下本质特征。

1. 产权不同于所有权

产权与所有权二者既有联系又有区别。从所反映的客观经济关系上看，二者既有联系和重合的诸多方面，也存在着具体应用上的诸多差别。一是所有权强调的是对客体的归属关系，而产权则更多地强调在归属意义上产生的多种权利集合。二是所有权强调的是稳定的、本质的主观与客观的辩证关系，而产权则强调变化的、动态的或有实效的主客观关系。三是以现代市场经济为界，过去的"所有权"带有封闭的、凝固化的特征，而

---

① 〔美〕Y. 巴泽尔：《产权的经济分析》，费方域、段毅才译，上海人民出版社，1997。

产权则反映了开放性的财产权利的分解和组合。因此，产权是由所有权即关于物的归属并由此派生出来的各种权利组合。梅里曼（Merryman）对罗马法中的土地所有权概念和盎格鲁美国式"财产"或"权益"之间的差异做了清晰的描述："罗马法的所有权可以看作是写有'所有权'的一只盒子。谁拥有这个盒子谁就是所有者。在完全不受阻碍的所有权情形中，这个盒子中包括某些权利，其中有使用权和占有权、占有其果实或收入的权利以及转让权。然而，所有者可以打开盒子，拿出一个或更多这样的权利转让给其他人。只要他占有这个盒子，即使这个盒子是空的，他也仍然拥有所有权。将它与盎格鲁美国财产法进行对比，非常简单。盎格鲁美国财产法中没有盒子，它仅有各种不同组的法律权益。一个人只要拥有绝对处置权就拥有最多的可能法律权利束。当他将一组或多组权利转让给另外一个人，一部分权利束就没有了。""显而易见，所有权可以是个空盒子，而其中的内容才是产权。"[①] 因此，产权不等同于所有权（即隶属权）。

2. 产权是关于财产的一组权利束

产权是用来确定行为主体使用稀缺资源时各种经济社会关系的一系列规则，从表面上看产权是人与物的关系问题，但其实质是人与人的关系问题。产权是一组权利束，是行为主体对特定稀缺物体拥有包括所有权、使用权、转让权和收益权等在内的各种权利的集合。

3. 产权是社会基础性的规则，其核心功能是使市场主体的权利与责任对称

产权是规定市场主体相互行为关系的一种规则，是源于社会经济生活对市场主体的权利和责任的规范，并且承认这种规范首先是明确市场主体什么可以做，什么不能做，如果违反了产权规则，必须承担与之匹配的经济责任。因此，产权是社会基础性的规则，其核心功能是使市场主体的权利与责任相对称，强调使权利的行使严格受到相应责任的约束，因此，产权尽可能具有提供人们实现将外部性内在化激励的功能，具有向人们的行

---

① 汪新波：《环境容量产权解释》，首都经济贸易大学出版社，2010，第 11 页。

为提供合理预期的效应。

4. 产权可以分解为多种权利并统一呈现一种结构状态

产权是关于财产的权利束，产权包含的内容非常广泛。产权权利束是开放的，不仅包括排他性的所有权、排他性的使用权、收入的独享权、自由的转让权，还包括资产的安全权、管理权、毁坏权等；产权随着社会经济生活演变而不断扩张，而产权权利束扩张是向着权利和责任两个方向同步展开的。

第四节　环境容量产权

一　环境容量产权的内涵及本质

众所周知，环境是大自然免费赐予人类的宝贵财产，因此每个公民，包括尚未出生的子孙后代都应该享有基本的环境权，如干净的空气、清洁的水源。生态系统是环境容量的载体，故环境容量也是人类的宝贵生产要素。毋庸置疑，环境容量的所有者理所当然属于全人类，而每个人或市场主体拥有的是环境容量的使用权。这个使用权才是我们要研究的"环境容量产权"。我们研究的自然资源的产权并不是所有权，这个盒子是国家的，盒子本身是不可分的，但里面的内容则是产权的研究对象。把这些内容从盒子里拿出来赋予市场行为主体，那些以不损害公共利益的方式利用环境资源的人与经济组织并不影响"盒子"的公有，而产权的排他性和可转让性也有了保证。[①]

许多学者混淆了所有权和产权的关系，把"客体隶属于"主体的这种主体对客体的所有权理解为属于产权的一部分，而忽视了产权是在这种"隶属"关系下全部或其中的一种权利，从而陷入环境容量产权的主体是

---

① 汪新波：《环境容量产权解释》，首都经济贸易大学出版社，2010，第12页。

全人类或归国家从而产权不可分割的泥潭中不能自拔。殊不知，这样混淆环境容量所有权以及环境容量产权的概念，认为环境容量的所有权是国家，是最具有广泛意义的主体，这跟产权的本质特征"排他性"相矛盾。

综上所述，环境容量产权是指环境容量的使用权利（即容许排污的权利），而环境资源使用权是环境利用人依法对环境容量资源进行利用的权利。[①] 环境容量的产权是环境容量的使用权以及由使用权派生出来的使用权的所有权、收益权、转让权等权利束，是随着环境容量的稀缺性而出现的，是行为主体对环境容量使用权拥有的各种权利的集合，是环境容量的所有权派生或分割出来的权利。

二 环境容量产权的主体、客体

1. 主体

环境容量使用权是用益物权，只是这种物权不是以实实在在的物的收益为标的，而是以环境容量资源的使用和收益为标的。从理论上说，正如前文所述，由于环境是最具广泛意义的公共产品，故环境容量产权的主体是个人和企业，因为人类的生存和发展都需要使用一定的环境容量，而企业在生产经营过程中，会排放大量废弃物，更需要使用一定的环境容量资源。

但现实条件下，由于环境的特殊性，对于环境领域施加产权引入市场机制是人为设计的，是人类为了实现某一特定环境质量目标，对特定环境单元所容许使用的环境容量设定了总量。普通人在既定的时期所需要的环境容量资源是基本确定的而且数量通常不大，如在生活中产生的生活废水、废气、废物等，因此，自然人的环境资源使用权是采取自动获取的方式，这种环境资源使用权在通常的讨论中基本可以忽略。然而企业是环境容量资源使用的主要单位，其在生产过程中向外排放的废水、废气和废渣是造成环境污染的主要因素，且由于分配给普通个人成本太高，因此，目

---

① 吕忠梅：《论环境资源使用权交易制度》，《政法论坛》2000年第4期。

前的做法是将环境容量产权分配给区域内的"排污大户",目前,环境容量产权的主体是企业或"排污大户"。

2. **客体**

需要特别说明的是,环境容量产权是对环境容量而不是具体的环境资源施加产权。其产权的客体是环境容量,而不是具体"有形"的或"看得见、摸得着"的河流、大气等环境资源本身,是依附于整个生态系统的一个抽象存在,是为了限制人类行为对整个生态环境的负面影响而人为拟制的概念。环境容量产权主体的明晰并不是要把诸如具体的、"有形"的环境资源分割给行为主体,而是将允许其使用的环境容量分配给市场主体。

目前,有学者混淆了环境资源本身与环境容量的差别,认为诸如大气、水资源等环境资源目前在技术上具有不可分割性或分割的成本太大,因此运用产权手段解决环境资源领域外部性不具有现实性。笔者认为,这种将环境资源与环境容量概念混淆的原因是没有把握住人类与环境相互作用的本质。汪新波认为,"对环境或自然界本身施加产权是荒谬的。这些资源系统之间的完整性使得任何私人占有的念头都不具备可行性。人类永远不可能将黄河、长江、空气私分掉。但因此认为人类对环境的使用权也是公共的、不可分的也是荒谬的。因此,有限的'环境容量'限制的不是环境而是人类对环境使用的行为方式,当人类的活动强度威胁到环境自身的功能和价值的时候,在人们之间进行权利划分,确定各自的权利和责任就是必需的"。[①] 事实上,适当地运用产权解决环境问题已成为世界各国不争的事实,并取得了显著成效。

三 环境容量产权的特征

环境容量产权作为一种特殊的资源产权,其基本特征主要有以下三个。

1. **环境容量产权的排他性**

排他性是产权最基本的特征之一,环境容量产权也不例外。环境容量

---

① 汪新波:《环境容量产权解释》,首都经济贸易大学出版社,2010,第74页。

产权的排他性是指环境容量产权主体在行使对环境容量的权利时，排除了其他主体对同一环境容量资源行使相同的权利。从整体上看，环境容量产权属于全人类所有（包括尚未出生的人），但在实际操作中，在应对气候变化的相关国际机制及节能减排约束性目标下，环境容量产权也被分配给某一特定区域甚至微观市场主体，从而环境容量产权表现为共有产权与私人产权相结合的特征。无论是共有或私有的环境容量产权，都具有排他性的特征。共有产权的排他性主要是除了共同体内部任何人对共同体的产权行使权利外，其他行为主体就被排除在外。而且任何对环境容量产权的行使必须以不侵害其他成员的权利为前提，只有这样才能保证人人享有干净的水、清新空气的基本需求。

2. 环境容量产权的可交易性

环境容量产权的可交易性是指环境容量产权在不同行为主体之间的转让和让渡，既包括环境容量产权作为一个整体进行转让和让渡，又包括环境容量产权的某一权项或几权项组合的交易和转让。环境容量产权的可交易性是环境容量产权的内在属性，也是环境容量产权发生作用和实现其功能的内在条件。环境容量产权的可转让性，使得市场主体通过环境容量产权的不断交易，获取产权交易的各种信息，形成对各自更为有利的产权结构，并使环境容量产权配置到更具市场竞争优势的市场主体那里，实现环境容量产权的优化配置、产权收益分配功能、降低交易成本等功能。

3. 环境容量产权的可分割性

环境容量产权的可分割性，是指特定的环境容量产权各项权能可以分属于不同主体的性质，例如环境容量的所有权、使用权、收益权可以分解开来，属于不同的主体。在目前节能减排约束性目标下，排污权、碳排放权等都是由环境容量产权衍生或分割出来的。事实证明，排污权交易的应用及在污染控制方面的有效性，印证了有效率的产权是可以分割的。这为将环境容量的某些产权项进一步分解成更加具体的权能，赋予不同的市场主体，并通过产权交易为完善产权制度提供了可能，也为通过创新产权来解决负外部性提供了方向。但环境容量产权具体分割的程度受限于经济发展及相关技术水平。环境容量产权的所有权是属于全体人类的，包括尚未出生的子孙后代，但使用权是和所有权相分离的。排污权就是环境容量使用权和所有权相分离的例子。

第五节　环境容量产权制度

环境容量产权制度是指对环境容量产权主体进行明确界定，并通过环境容量的合理定价、有偿使用和市场交易，实现资源环境合理配置的一系列规则和准则。它是以资源需求为前提，是社会关系、人与人关系的基础，是为交易而存在的。环境容量产权安排一般包括基于政府对环境容量产权初始配置和基于市场的交易配置。[①] 环境容量产权（也有学者称作环境产权或环境资源产权），是近年来频繁出现的一个词语，但国内外利用环境容量产权解决环境污染和生态破坏问题，已经早有实践并取得了很好的效果。我国实行的"五荒"拍卖制度，就是在国家所有的前提下，拍卖其使用权从而较为有效地保护了生态环境，时任中共中央总书记江泽民同志曾指出："卖掉的是使用权，换来的是农民治山治水的积极性。"随着我国集体林权制度改革不断推进，林区正在逐步形成"资源增长、农民增收、林区和谐"的良好局面。新西兰对渔业资源进行可转让捕捞权分配，改变了渔业资源公有的状态，有效制止了其海域中滥捕鱼类的趋势。近年来国际上通行的排污权交易，促进了污染减排，提高了污染治理效率。如美国在20世纪90年代中期实施二氧化硫排污权交易，2008年二氧化硫排放量比1970年下降63%，减排成本仅相当于原先估算的1/3。

但这些都只是较为零星的实践，建立完善的环境容量产权制度，目前还面临不少理论和实践方面的困难。环境容量产权制度主要包括环境容量产权界定制度、环境容量产权配置制度等。

---

① 张冬梅：《环境容量产权与民族地区利益实现》，《民族研究》2014年第5期。

一 环境容量产权界定制度

环境容量产权界定制度是对环境容量产权体系中的权利归属如所有权、使用权等做出界定和安排,包括环境容量产权的主体、份额以及对环境容量产权体系的各种权利的分割或分配。在环境容量的初始产权界定中,政府确定总量控制后将排污的份额无偿分配给市场主体或进行拍卖,市场主体再根据具体的排放等方式将多余的配额拿到市场上交易。明确界定的产权会产生一种激励,促使人们有效地利用资源,以提高经济效益。云南省昆明市2012年将通过产业结构调整、超额完成污染减排任务的220吨二氧化硫指标进行拍卖,7家竞拍企业展开竞价,最高竞拍价为1.51万元/吨,为排污交易试点奠定了基础。

产权的初始界定是产权形成和发挥作用的前提和基本条件。巴泽尔的产权理论指出,产权的初始界定往往是不完善的,产权的初始界定仅仅为产权制度的运作提供一个起点,产权结构的优化则是通过产权体系的运作过程自身即交易过程来实现的。因此,刚刚进入交易市场的环境容量产权结构往往是不合理的,还要不断进入市场交易之中才能不断完善。"产权结构的优化不是等选定了合适的产权结构再进行交易,产权交易过程正是进一步优化产权结构的方式。"[①]

二 环境容量产权配置制度

环境容量产权的配置制度主要是指将环境容量产权配置到市场主体那里。环境资源使用权的配置应根据不同的主体采取不同的方式。对于企业,可以根据社会生产水平、技术条件给予一定的环境容量资源。在分配

---

① 马中、蓝虹:《约束条件产权结构与环境资源优化配置》,《浙江大学学报》(人文社会科学版)2004年第6期。

环境资源使用权时，社会应该使得环境容量资源使用权的分配有利于环境保护，有利于社会效用最大化的实现。

环境容量产权的初始产权分配直接影响到环境容量产权交易市场的结构和资源配置的效率。从产权角度来看，环境容量属于全民所有，中央政府是环境容量资源终极所有权的代理者，但现实中的操作办法并不是由中央政府在全国层面上直接对各个企业进行初始产权分配，而是中央将总量减排指标下达给地方政府，并通过环境目标责任制或创建环保模范城市等手段确保总量控制层层落实，地方政府再依照一定的规则将环境容量产权以许可证的形式分配给区域内各企业。因此，环境容量产权界定首先在地方层面界定，然后才由地方政府在企业层面进行分配。

环境容量产权的配置，是政府与排污主体进行协商和博弈的过程。目前，从操作方式上看，环境容量产权分配方式主要有免费分配、公开拍卖和标价出售三类方式，其中公开拍卖和标价出售属于有偿取得的范畴。环境容量产权对于地方来说是稀缺资源，因此，如何公正、公平地分配环境容量产权就显得至关重要。我国的《大气污染防治法》等都规定排污总量控制指标分配应当遵循公开、公平和公正的原则。因此，原则上所有的企业都可以获得环境容量产权，都可拥有环境容量产权的使用权、处分权、收益权。但是环境容量初始产权分配过程必须与国民经济发展规划、能源生产供应、产业结构优化升级以及淘汰落后产能等密切结合起来，更好地促进我国资源节约型、环境友好型社会及生态文明建设。同时，如何将环境容量产权在代与代之间公平公正地分配，以确保子孙后代的环境权益，也是政府在环境容量产权分配中应该兼顾且重点考虑的问题，它直接关乎经济社会的可持续发展。

三　环境容量产权交易制度

环境容量产权的交易制度主要指环境容量产权的主体通过市场获得产权收益，其核心问题主要是环境容量产权的定价、环境容量产权的市场供需问题以及环境容量产权的市场竞争问题。建立环境容量产权制度的目的，就是要将日益稀缺的环境容量资源作为生产要素纳入人类的生产生活中，纠正环境容量市场价格与相对价格的偏离，将环境容量利用中的外部性内在化，充分发挥市场对环境容量资源配置的基础性作用，促进环境容量资源的优化配置。建立环境容量产权交易市场，不仅可以使污染较多的企业承担更多的污染治理成本，而且可以使排污少的企业获得经济效益，还可以不断诱发技术创新，有利于把政府的强制减排行为转化为市场主体的自主减排行动，实现经济发展和环境保护的双赢，促进人与自然和谐共生。

四 环境容量产权保护制度

环境容量产权保护制度包括对各类产权取得的程序、行使的原则、方法及其保护等构成的体系，是确保环境容量产权的各类主体形成责、权、利相统一的重要保障。

环境容量产权的界定、配置和交易赋予了环境容量产权不同主体对环境容量资源的不同权利，不同主体受利益驱动，会展开激励竞争并引致利益矛盾。因此，为了有效保障各环境容量产权主体的利益，保障环境容量资源产权的合理界定、配置和交易，必须有相应的环境容量产权保护制度，即通过法律法规等体系对环境容量资源产权的取得、使用、交易等进行有效保护。只有通过产权保护制度提供的充分保护，才能有效降低交易费用，有效保障各环境容量产权主体的利益以及环境资源产权制度作用的发挥。

新制度经济学认为，产权保护制度包括正式制度和非正式制度[①]，任何一方的缺失都会影响整个产权保护制度体系的有效运行。正式制度是指由国家实施的各种正式机制支持，它是依靠外部强制力加以实施的制度安

---

① 〔德〕柯武刚、〔德〕史漫飞：《制度经济学：社会秩序与公共政策》，韩朝华译，商务印书馆，2002，第127页。

排，如产权保护的法律法规；非正式制度是指没有得到正式机制支持，不依靠外部强制力就可以实施的制度安排，例如尊重产权的价值观念、道德规范、社会习俗等。环境容量产权保护制度亦同样可以划分为正式制度与非正式制度。正式制度主要由国家制定，主要包括环境容量产权保护的各种法律、法规和规章；非正式制度主要由传统的价值观念、道德规范和社会习俗所组成。

第六节 本章小结

通过对环境容量资源属性、特点以及产权理论的总结分析，可以得出以下结论。

第一，环境资源具有双重功能和属性。一是生态服务功能，即环境的吸收净化功能、生态系统的生命支持功能和环境舒适性功能。二是资源供给功能。即为经济系统提供矿产、土地、水资源等的功能。作为资源供给功能的环境资源早就被经济学家注意到，但是作为生态服务功能的环境——环境容量资源一直没有被作为生产要素进入人类的经济系统中。随着环境容量资源稀缺性的出现，环境容量资源具备了经济属性的特征，也必须作为一种经济资源利用才能得到有效配置，环境容量资源的管理应该以资源的有效利用为目标。

第二，结合环境容量资源的特殊性，即在环境容量领域引入产权制度是"人为创建"的操作背景和方案，将环境容量定义为：环境容量是指在设定的环境质量目标下，某一区域在特定时期内所能容纳的污染物的最大数量，或最大的纳污能力。环境质量目标设定的不同会导致环境容量大小的不同。目前，我国理论界和环境管理中使用的"环境容量"主要是指狭义的环境容量，即环境吸纳污染物的最大容量。从分析环境容量资源的本质特征入手，揭示了环境容量资源的有限性、效用性以及共有资源特征。

第三，从产权经济学及科斯定理分析来看，对于不具有"分割性"或分割性成本太高的环境容量资源施加产权是可行的，环境容量产权也具备产权激励和排他性的一切效率特征，因此，通过改变环境容量资源的产权制度来实现环境容量资源的有效配置不仅是解决外部性的重要手段，更代表了将市场机制更多引入我国环境管理领域的变革及方向。

第四，环境容量产权制度，包括环境容量资源的界定制度、配置制度、交易制度和保护制度。因此，从权利分配的角度看，有效的环境容量产权应该包括这样一些基本内容：排他性的使用权、转让权及收益权，以及与权利相关的义务、责任和限制条件。只有环境容量资源得到清晰界定、公平公正配置，具备可交易产权的特点，并得到良好保护，环境容量资源领域才有可能通过产权制度的创建，实现资源的有效配置，环境容量资源所有者也才能谋求福利的改善。

第三章

博弈论视角下环境污染的制度分析

第一节 环境容量产权的共有特征及界定的困难

环境资源的复杂性在于它兼具作为环境的公共产品和作为资源的私人产品的双重属性。[①] 环境容量产权是一种共有产权和私有产权相结合的产权结构，且绝大部分环境容量资源处于共有产权的领域。时任国务院副总理李克强在第七次全国环保大会上首次将环境保护纳入基本公共服务范畴，从理论上明确了提供具有公共服务属性功能的环境产品是政府不可推卸的职责。党的十八大以来，习近平总书记提出的良好生态环境是最公平的公共产品，是最普惠的民生福祉。因此每个公民最基本的环境权益都应该得到保障。由于环境容量资源是一种极为特殊的资源，且具有难以分割等特征，环境容量产权的私人产权是随着近年来环境容量资源稀缺性的日益凸显而人类采取行政干预的手段之后才逐步增多的，最明显的行政干预手段是污染物排放的总量控制制度，总量控制是环境容量产权交易的前提和基础。

值得注意的是，虽然实行了总量控制制度，但绝大部分环境容量资源

---

① 汪新波：《环境容量产权解释》，首都经济贸易大学出版社，2010，第68页。

仍然处于共有产权的领域,其原因:一是造成环境污染的污染物种类众多,造成污染的行为也很多,但目前人类仅仅对二氧化硫、氮氧化物、化学需氧量、氨氮等少数几种污染物实施了总量控制。二是总量控制下的环境容量使用权的私有产权仅仅是对市场上的排污大户,如企业等,对于一般消耗环境容量资源的行为和个体譬如汽车尾气、个人排污行为等,仍然处于共有产权的状态。处于公共领域的环境容量是具有非排他性的,向每个使用者开放,允许其自由进入、平等地分享,每个人都可以利用该资源为自己服务,并获得相应的收益。但对资源的过度使用,就会造成实际增加的总价值低于增加的成本,社会产品的边际收益低于每个资源使用者的平均收益。因而,公共产权的非排他性给环境容量的利用带来了巨大的外部性。三是从理论上说,可以是环境容量产权完全具有私人产权的特征,但产权界定及其交易成本会太高,且影响公民最基本的环境权益,因此,目前,大部分的环境容量仍然处于共有产权的领域,当然,随着产权界定的收益日益增多,会有越来越多的环境容量处于排他性的产权领域中。

因此,公有产权界定与运作的困难使人们很难对环境产权做出准确的、可操作性的描述,即使政府或环保组织通过行政的、经济的、法律的甚至舆论、道德的诸多约束给予了环境产权相对严格的界定,但环境问题典型的"外部性"特征,使其产权在行使过程中处于极不确定状态。[1] 环境容量产权的共有产权特征,使得个人理性与集体理性存在根本性冲突,个体行为的趋利性特征,必然使得环境容量资源不可避免地陷入"公地悲剧"的困境,造成日益严重的环境质量恶化。

因此,从博弈论视角出发,分析环境容量共有产权利用过程中复杂的博弈系统中博弈各方的策略选择行为,厘清造成环境污染的根本原因,并为环境治理措施的改进提供依据和解释,显得十分必要和重要。

---

[1] 李瑞娥、李春米:《环境产权问题的博弈分析》,《广西经济管理干部学院学报》2003年第3期。

第二节 公地悲剧——环境污染的根本原因

一 公地悲剧

公地悲剧（Tragedy of the Commons），也译为公共地悲剧、共同悲剧，是 1968 年由英国学者加勒特·哈丁（Garrett Hardin）在《科学》杂志上发表的《公地悲剧》中提出来的。公地悲剧是用来形容公共产品由于产权界定不清晰，而被竞争性地过度使用或侵占，最终必然走向毁灭的结果。"公地悲剧"这个表述已经成为一种象征，它意味着任何时候只要许多人共同使用一种稀缺资源，便会发生环境的退化。[①] 过度砍伐的森林、过度捕捞的渔业资源及污染严重的河流和空气，都是"公地悲剧"的典型例子。现在"公地悲剧"更广义地表现了如果一种资源没有排他性的产权（公共资源），就会导致对这种资源的过度使用。[②] 因此，公地悲剧是经济学在阐述共有资源或公共产品利用中出现外部不经济性时，常用的一个模型。对于公共产品，亚里士多德有一个著名的论断："无论何物，只要它属于最大多数的人共有，它所受到的照料也就最少。"环境容量是一种共有资源，其本质特征是非排他性，即在环境容量阈值范围内增加一个消费者的边际成本为零，在没有人为限制的情况下，往往会使得对共有资源的使用超出合理限度，造成社会福利的减少和资源的耗竭，公地悲剧就是对这种现象的形象描述。

假设一个村庄有农户和一块草地，农民可以在草地上自由养牛谋取收益。由于这块草地面积既定，因此存在一个最优的饲养数量。对于草场这块公地的滥用可以用图 3-1 来分析。

[①] 〔美〕埃利诺·奥斯特罗姆：《公共事物的治理之道：集体行动制度的演进》，余逊达、陈旭东译，上海三联书店，2000，第 47~50 页。

[②] M. McKean, "Success on the Commons: A Comparative Examination of Institutions for Common Property Resource Management," *Journal of Theoretical Politics* 43 (1992): 247-281.

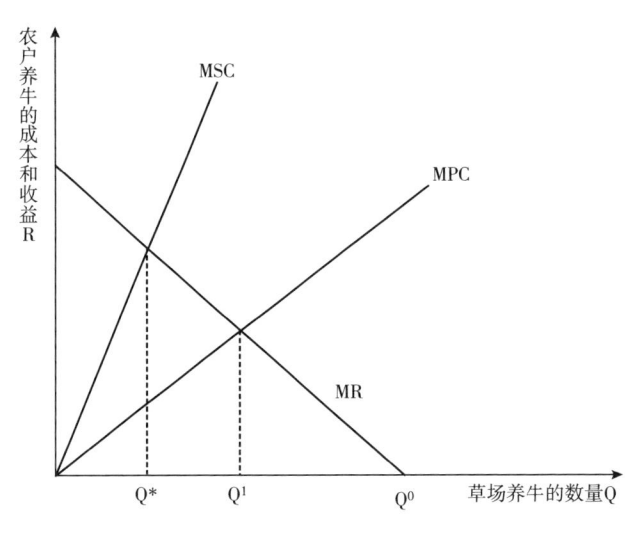

图 3-1 过度放牧造成的公地悲剧

横轴代表的是这块草地上饲养的牛的数量，纵轴代表的是农户养牛的成本和收益。图中的 MR 表示农户的边际收益曲线，可以看出，这是一条从左上方向右下方倾斜的曲线，表示随着草场上饲养牛的数量增加，会引起草地肥力下降，减少收益，符合边际报酬递减规律。MPC 是农户的边际生产成本，由于成本主要是购买幼牛的费用和养牛的人工成本。MSC 表示农户的边际社会成本，在农户由于过度放牧引起环境质量下降造成外部不经济时，边际社会成本等于边际私人成本加上边际外部成本。因此，MSC 位于 MPC 上方。

假定这块草场是私有且所有权是属于某农户的，即产权是私有且明确的。在这种状况下，"理性"的农户会把饲养的牛群数量保持在边际收益等于边际社会成本的那一点上，即农户将会选择饲养 Q^* 数量的牛，从而保持了自身利润的最大化。

然而，假设这块草场是公共财产，这块草场的最佳放牧量是 Q^*，则每家农户平均可以饲养 Q^*/n 头牛，如果农户 1 将他饲养的牛增加，那么他的总收益将会比其他农户有显著的增加。本来其他农户应该联合起来阻止 A 增加养牛的行动，但由于大家都抱着"不想得罪人"的心态，因此可以理解为采取这一行动的成本很高。因此，对于制止农户 1 而言，

"得罪人"的成本需要独自承受,而其他农户则可以免费获得阻止农户1增加养牛数量的收益,这就使其他农户产生了"搭便车"的想法和行动。因此,结果便是:虽然每户农户都知道过度放牧将会使草场退化和枯竭,但每户农户对阻止事态的继续恶化都感到无能为力,并抱着"及时捞一把"的心态增加饲养牛的数量,加剧事态的恶化,最终的结果将会使草场上养牛的数量达到或接近Q^0,从而使总的收益为零,真正以悲剧收场。

因此,不难看出,造成公地悲剧的根本原因是资源的非排他性产权,直接原因是市场主体对其自身经济利益最大化追求与集体整体利益的冲突,即市场主体出于对自身经济利益的最大化来决定自己的行为,而当相关的制度设计不能约束这种看似"理性"的行为,综合的结果就是造成"公地悲剧"这一集体"不理性"的悲剧结果。

二　环境污染产生的原因分析

1. 博弈论

博弈论（Game Theory）又称为"对策论",研究决策主体的行为发生直接相互作用时的决策以及这种决策的均衡问题,是用数学方法或模型来研究具有利害冲突的各方是否存在着最合理的行动方案以及如何实现这个合理的行动方案的理论和方法。1944年诺伊曼和摩根斯坦合著的《博弈论与经济行为》一书的出版标志着博弈理论的初步形成,随后壮大为一门综合学科,并广泛应用于现实问题的分析中。博弈分析目的是找出博弈的均衡解以促使博弈各方采取更优的决策。博弈论求解的本质思想是:不管博弈各方是合作、竞争、威胁还是暂时让步,博弈论模型求解的目标是使自身最终利益最大化,这种最大化必须建立在各方都采取各自"最好策略"的基础上,从而使各方最终达到一个力量均衡,谁也无法通过偏离均衡点而获得更多的利益。

博弈可以划分为合作博弈和非合作博弈两大类,两者的区别在于参与者之间是否能够达成一个具有约束力的协议。合作博弈亦称为正和博弈，是指博弈双方的利益都有所增加，或者至少是一方的利益增加，而另一方的利益不受损害，因而整个社会的利益有所增加。合作博弈采取的是一种合作或者说是妥协的方式，其强调的是一种集体理性或团体主义（collective rationality），即效率、公平、公正。非合作博弈包括零和博弈和负和博弈，是指参与者不能达成具有约束力的协议的博弈类型，在非合作博弈中，人们在利益相互影响的局势中如何决策使自己的收益最大，即策略选择问题，其强调的是个体理性。

日益严峻的生态环境问题，从根本上说是各利益主体博弈的结果。因此，要解决环境问题，必须在清晰界定环境容量产权的前提下，运用产权交易等制度安排来调整各环境利益相关者的行为，形成各产权主体责、权、利相一致的结果。

2. 从博弈方自身的因素考虑

博弈方指的是博弈过程中独立决策并独立承担结果的组织或个人。在环境污染问题上，企业、地方政府等各博弈方都在遵循博弈规则进行策略选择。

（1）企业的"囚徒困境"

由于目前环境容量大多"零价格"或"低价格"使用，由于市场主体"个体行为理性"所致，在博弈过程中自愿通过净化减少排污难以实现，因此，每个市场主体都从其自身利益出发，都希望不付成本或少付成本就可以享用，结果导致环境容量资源被过度使用，生态环境遭到破坏。

假设某城市郊区有两家工厂1和2，两家工厂在生产过程中就会不可避免地排污，在没有良好的激励机制下，两家企业的排污成本将由两部分构成，一是企业安装污染净化设备或使用更加清洁（昂贵）的生产要素而产生的成本，二是按要求缴纳的排污费。其中，缴纳排污费是排污成本中的刚性部分，而安装污染净化设备或使用清洁的生产要素是排污成本中的弹性部分，企业将会对外部环境或行政手段采取博弈行为，以确定是否安装净化设备。

正常情况下，企业 1 的利润为 R_1，企业 2 的利润为 R_2，在没有任何激励或政府强制性管制下，企业为了实现利润最大化，将会钻制度的空子不安装净化设备以减少成本投入 R_0，即两家企业都将增加收益 R_0。如果两家企业在净化与排污上的信息是不对称的，当企业 1 偷偷排污而企业 2 采取净化工艺生产，则企业 1 的收益为 $R_1 + R_0$，如果企业 2 也通过明察暗访如法炮制，采取同样的竞争策略，那么企业 2 的收益也将因排污而增加到 $R_2 + R_0$，这样就形成了如表 3-1 所示的得益矩阵。

表 3-1　企业的囚徒困境

		企业 2	
		排污	净化
企业 1	排污	$R_1 + R_0$，$R_2 + R_0$	$R_1 + R_0$，R_2
	净化	R_1，$R_2 + R_0$	R_1，R_2

由此可见，如果存在制度漏洞或当外在约束弱化的情况，无论企业 1 采取排污策略或是安装净化设备的策略，显而易见，对企业 2 来说，选择排污都是最利己的策略。同样，无论企业 2 采取何种策略，选择排污也将使企业 1 的利润最大化，因此（排污，净化）构成了一个博弈的均衡，因此产生的结果是个体企业利用制度漏洞竞相排污，而无视给环境造成的负面影响。两个企业最优策略组合下的得益是建立在对环境容量产权侵权的基础上的，本来应该由企业承担的环境成本，转嫁到社会和公众了。这种典型的由内部经济而导致的外部非经济的侵权行为是发生在受约束力最弱的环境产权行使中。[①] 这样做的后果就是企业对公众的环境容量产权造成了侵权，造成了对环境容量的过度使用，其结果就是日益严重的环境污染和破坏。

由此得到的启示是：环境容量具有公共产品的性质，市场主体过度使用几乎不用承担成本，而限制自己使用环境容量所产生的收益却要分散到

---

① 李瑞娥、李春米：《环境产权问题的博弈分析》，《广西经济管理干部学院学报》2003 年第 3 期。

共同使用环境容量资源的人身上,因此,作为"理性人"市场主体的选择就是尽可能多地排污,使用环境容量。

(2) 环境保护中的"智猪博弈"——搭便车

为了更好地说明环境保护中的"搭便车"现象,现借用"智猪"模型来解释。

"智猪博弈"是一个著名的纳什均衡的例子,在该博弈模型中,无论大猪选择什么策略,竞争中的弱者(小猪)以等待为最佳策略。

针对目前我国集中出现的环境问题,中央政府对部分污染物进行了总量控制,中央政府通过设定污染物排放总量的办法将排污权指标层层划拨到地方政府,地方政府再将排污权指标划拨到排放量比较大的企业那里,而污染源小的企业(小猪)便不在政府的严格监管之下,由此便出现了以下的博弈格局。

在该区域内,受到政府严格监管的"排污大户"A类企业(大猪)和不受监管的B类小企业(小猪)在污染治理时,都有两种策略选择:治理或不治理。对于A类企业而言,选择治理污染时有两种情况,B类企业治理或不治理。假设A类企业的治理成本为C,B类企业的治理成本为C_1,两类企业的收入为P和P_1,则A类企业治理时的收益为$P-C$,B类企业治理时的收益为P_1-C_1。如果两类企业都不治理时,则它们的收益将会发生不同,由于A类企业的排污权指标是受政府总量控制和分配的,如果A类企业不治理,它只能向其他企业购买排污权指标才能达到要求,假设购买总成本为C_2的排污权指标才能达到要求,则A类企业不治理的收益为$P-C_2$,由于B类企业不受政府监管,即使不治理污染,B类企业的收益仍然为P_1,于是便有了以下的策略组合和收益矩阵(见表3-2)。

表3-2 市场主体的智猪博弈

		B类企业	
		治理	不治理
A类企业	治理	$P-C$, P_1-C_1	$P-C$, P_1
	不治理	$P-C_2$, P_1-C_1	$P-C_2$, P_1

由此可以看出，A 类企业和 B 类企业都选择不治理，结果就完全不同了，如果 B 类企业选择治理，不管 A 类企业是否参与治理，B 类企业选择不治理是"理性的"，而 A 类企业选择治理与否，取决于 A 类企业是治理成本低还是购买排污权的成本低。由此造成的结果是，B 类企业的最优策略是不治理而"搭便车"。由此看出，在环境容量这种公有产品的利用中，在目前环境管制的政策下，小企业将更多地采取依靠大企业"搭便车"，造成对环境容量资源的过度使用。

在环境保护博弈中，不仅企业间存在"智猪博弈"，中央政府和地方政府之间也进行着智猪博弈。由于两级政府出于各自利益的不同，便有着不同的策略选择。中央政府强调经济、社会与环境全局的可持续发展，而地方政府在目前的政绩考核评价体系下，有着更为复杂的利益考量，俨然成了谋求短期经济增长的"理性经济人"，因此地方政府会为了政绩考虑而放任环境污染。在目前缺乏良好的生态补偿机制或激励机制下，由于生态环境的外部性，地方政府宁愿自己搭便车而不愿意放弃发展机会保护环境而让其他地区搭便车。因此，在与中央政府的博弈中，地方政府的策略选择是不治理，由此造成环境污染也就显而易见了。

从以上的博弈分析可以看出，"集体行动的困境"反映了集体理性与个体理性、长期利益与短期利益的冲突。从集体理性的角度看，参与人应当相互合作以谋求共同的长期利益；但从个体理性角度来说，每一个参与人却都有不合作的倾向以获取各自的短期利益，最终出现个体的理性决策和选择导致集体不理性的冲突。[①]

第三节　对环境容量产权过度使用的实证分析

在个体理性的策略目标下，造成的现实结果是对微观主体、区域或国

---

① 丁社教、柯小林：《博弈论视角下河流污染问题的研究》，《未来与发展》2011 年第 10 期。

家，甚至是子孙后代环境容量的侵占，造成环境容量产权在不同主体间、不同区域或国家间以及代际的不公平。

在环境资源领域引入产权手段的最终目的是确保环境资源的永续利用，实现人类的可持续发展。世界环境与发展委员会在《我们共同的未来》中对可持续发展的定义是"既满足当代人的需求，又不对后代人满足其自身需求的能力构成危害的发展"①。可持续发展的内涵十分丰富，其三个原则中第一个原则就是公平性原则。可持续发展所追求的公平性原则，包括三个层面的意思：一是本代人的公平即要满足全体人民的基本需求和给全体人民机会以满足他们较好生活的愿望，要给世界以公平的分配和公平的发展权；二是代际间的公平，本代人不能因为自己的发展与需求而损害人类世世代代满足需求的条件——自然资源与环境，要给他们公平利用自然资源的权利；三是公平分配有限资源②。

环境容量产权公平有三个内涵：一是任何主体的环境权利都有可靠保障，当其环境权利受到侵害时，都能得到及时有效的补偿；二是任何主体从事对环境有影响的活动时，都负有防止对环境的损害并尽力改善环境的责任；三是任何违反环境义务的行为都将被及时纠正和受到相应处罚。环境容量产权的不公平就是要达到市场主体在环境容量使用过程中的责、权、利不相等的状况。如果造成了环境污染而不补偿、不治理，或者支付的污染成本远远低于治理污染的成本，这将会侵犯其他人、其他地区，甚至其他国家和后代人的环境利益，其结果是人与人之间、地区之间、国家之间，甚至在当代人与后代人之间环境容量产权的责、权、利不对等，结果将使环境质量恶化。

目前的状况是，由于缺乏将环境问题外部性内部化的良好制度安排，市场主体出于自身利益最大化考虑，所选择的博弈实践是：将本应由自己承担的社会成本转嫁到他人身上，其后果就是：一部分人的利益被侵占，

---

① 世界环境与发展委员会：《我们共同的未来》，世界知识出版社，1989。
② 洪银兴：《可持续发展经济学》，商务印书馆，2002，第 11～12 页。

一部分地区侵占了其他地区的环境容量资源加剧了地区间的发展不公平,整个社会过分利用自然资源,使整个生态系统处于透支状态。关于环境容量产权公平问题,董金明等从主体(微观)、区域(中观)、代际(宏观)三个层面分析了我国现阶段环境产权不公平对环境产权效率的影响,认为在微观上,从排污费征收制度中就体现出环境污染主体对环境公共产权损害和补偿中的权利的不公平,损害他人的生存权利;在中观(区域)层面,通过城乡环保投入差距、东西部环境投资差距的角度说明城乡、东西部环境产权的不公平影响环境产权效率的提高;在宏观和代际层面,从现有的资源消耗型经济增长角度说明对后代的不公平,并认为我国环境产权的不公平呈现代内、代际的环境产权的不公平相互叠加的特征。①

一 微观层面

微观层面市场主体对于环境容量共有产权的损害,可以从我国长期以来实行的排污收费制度和污染罚款以及近年来征收的环境税制度得到清晰的体现。

1. 排污费制度与环境容量产权公平

排污费制度是我国环境管理八项制度(环境保护目标责任制、综合整治与定量考核、治理集中控制、限期治理、排污许可证制度、环境影响评价制度、"三同时"制度和排污收费制度)中的一项重要制度,是根据经济合作与发展组织(OECD)环境委员会提出的"污染者付费"原则(the Polluter Pays Principle,PPP)发展起来的。我国的排污费收费的原则性规定始于1979年,正式征收始于1982年国务院制定的《征收排污费暂行办法》,并于2003年进行了改革。② 现行的排污收费已覆盖废水、废气、废

---

① 董金明、尹兴、张峰:《我国环境产权公平问题及其对效率影响的实证分析》,《复旦学报》(社会科学版)2013年第2期。
② 董金明、尹兴、张峰:《我国环境产权公平问题及其对效率影响的实证分析》,《复旦学报》(社会科学版)2013年第2期。

渣、噪声、放射性等5大领域，收费项目达113个。① 过去30年间，我国对污染企业征收的排污费累计接近1480亿元。排污费的征收，促进了企业加强对能源资源的综合利用率，节约和综合利用资源，筹集环保专项资金，控制环境恶化趋势，提高环境保护监督管理能力等方面都发挥了重要的作用。

排污收费制度设计的出发点在于拉近私人成本和社会成本进而体现出一种产权公平，然而，在环境稀缺性日益凸显的状况下，环境容量资源的价格上升，污染的成本提高，排污收费制度的缺陷更加凸显，主要有以下几个方面。

一是长期以来排污收费以及环境税远远低于污染治理成本。从理论上讲，最优的排污费征收标准应该是边际社会成本和边际私人成本之间的差额。但在现实中，我国排污费标准远远低于治污成本，两者之间的差额造成的污染就转嫁到公众。据有关部门测算，我国排污费的征收标准仅为污染源治理设施运行成本的50%左右，某些项目的排污费甚至不及污染治理设施运行成本的10%。② 当前，中国具有自备井或直接从江河取水的造纸企业，其交纳水资源费未超过0.2元/吨，交纳废水排污费仅0.6元/吨，两项之和不足1元/吨，远低于企业深度处理废水（达到回用水质）3元/吨左右的边际成本。③ 表3-3是部分污染物的治理成本和排污收费标准的比较。广东省的二氧化硫（SO_2）、化学需氧量（COD）排污费征收标准虽然做了调整，但据对26家企业初步调查测算，现行收费标准分别是二氧化硫和化学需氧量治理成本的40%、60%左右。④ 排污费征收成本与治理成本的巨大差额，使得排污收费机制难以发挥原来的经济激励作用，导致排污者宁可多排污，也不愿意

---

① 王新宇：《排污费改税的思考》，《法制博览》（中旬刊）2012年第12期。
② 任红梅：《基于环境保护的排污费制度改革探析》，《渭南师范学院学报》2010年第4期。
③ 张乐乐：《建立适应低碳经济发展的排污费征收制度》，《山西能源与节能》2010年第3期。
④ 刘添瑞：《排污费政策的内涵及其完善对策的探讨》，《市场经济与价格》2012年第12期。

治理污染，结果便是日益严重的环境质量恶化。排污收费标准偏低是现行排污收费政策设计的一个重大缺陷，它将直接导致政策结果与目标的背离。①（表3-4）

表3-3 部分污染物治理成本与排污收费标准比较

单位：元/吨

污染物	治污成本	排污收费标准	备注
二氧化硫	1260	630	电力行业
氨氮	4375	875	工业企业
化学需氧量	3500	700	工业企业

资料来源：转引自刘伟明《我国排污费制度的局限性及其改革措施》，《中国外资》2012年第8期。

表3-4 世界部分国家的主要城市污水排放费

单位：美元/吨

城市	污水排放费	城市	污水排放费	城市	污水排放费
东京（日本）	4.29	赫尔辛基（芬兰）	3.63	柏林（德国）	3.51
悉尼（澳大利亚）	3.05	维也纳（奥地利）	2.73	巴塞尔（瑞士）	2.39
耶路撒冷（以色列）	1.89	华沙（波兰）	1.67	纽约（美国）	1.67
渥太华（加拿大）	1.59	巴黎（法国）	1.47	科希策（斯洛伐克）	1.42
布拉格（捷克）	1.34	德布勒森（匈牙利）	1.34	伦敦（英国）	1.20
马德里（西班牙）	1.13	里加（拉脱维亚）	1.08	好望角（南非）	0.95
罗马（意大利）	0.84	圣地亚哥（智利）	0.73	蒙得维的亚（乌拉圭）	0.73
雅典（希腊）	0.67	圣彼得堡（俄罗斯）	0.56	安卡拉（土耳其）	0.56
索非亚（保加利亚）	0.40	利马（秘鲁）	0.31	墨西哥城（墨西哥）	0.26
内罗毕（肯尼亚）	0.25	布加勒斯特（罗马尼亚）	0.23	卡萨布兰卡（摩洛哥）	0.22
首尔（韩国）	0.15	乌兰巴托（蒙古）	0.14	卡拉奇（巴基斯坦）	0.11
北京（中国）	0.10	孟买（印度）	0.05	胡志明市（越南）	0.02

资料来源：转引自董金明、尹兴、张峰《我国环境产权公平问题及其对效率影响的实证分析》，《复旦学报》（社会科学版）2013年第2期。

---

① 董金明、尹兴、张峰：《我国环境产权公平问题及其对效率影响的实证分析》，《复旦学报》（社会科学版）2013年第2期。

二是长期以来排污收费的范围过于狭窄，外部不经济性严重。排污收费的另外一个问题是征收范围太窄，许多对环境容量共有产权造成损害的行为没有被纳入排污费征收范围。目前，我国排污费征收的范围仅限于废水、废气、废渣、噪声、放射性等5大领域100多项，但造成环境污染的许多其他污染物如碳的排放、光源的污染、行驶中的车船及生活污水、生活垃圾没有征收排污费。然而，众所周知，汽车尾气是大气污染的主要因素之一，据统计，每千辆汽车排出一氧化碳约3000吨/日，碳氢化合物200吨/日~400吨/日，NOx50吨/日~150吨/日；自2009年1月中国汽车月销售量首次超过美国以来，中国每年约有85%的汽油和20%的柴油被汽车烧掉。[①] 由于排污费更多的是对生产领域征收，而消费中的许多外部性便没有得到矫正。以生活污水为例，目前生活污水占总废水排放量的比例逐步加大，参见表3-5。排污费只针对工业废水征收，生活污水不在征收之列，如果不对如此宽泛的污染范围和众多的污染因子征收排污费，就相当于这些排污者的排污行为不受任何约束，并且不用为他们的排污行为承担责任，他们的负外部性要转嫁到全社会了。

表3-5 2013~2017年中国废水排放总量及构成

年份	废水排放总量（亿吨）	工业废水排放量（亿吨）	比例（%）	城镇生活污水排放量（亿吨）	比例（%）
2013	695	209.8	30.19	485.2	69.81
2014	716	205.3	28.67	510.7	71.33
2015	735.3	199.5	27.13	535.8	72.87
2016	711	186.4	26.22	524.6	73.78
2017	700	181.6	25.94	518.4	74.06

资料来源：《中国环境统计年鉴》。

三是对环境违法行为处罚中转嫁现象严重，造成守法吃亏、违法获利的环保困局。由于我国环境法制尚不到位，存在违法成本低、守法成本高

---

① 张乐乐：《建立适应低碳经济发展的排污费征收制度》，《山西能源与节能》2010年第3期。

的问题，环境部门执法只有罚款权，却没有其他的权利，环保部门的罚款权上限很低，很多情况下远低于污染治理需要的费用。这种情况下，污染严重的企业就会通过交罚款的形式继续排放废物、污染环境，这正是法律的空白点。例如 2012 年 3 月 15 日国家海洋局局长解释了对造成渤海湾特大漏油事件的康菲石油公司处以行政罚款 20 万元的依据，他认为这次事件造成的损失难以估算，但按照《中华人民共和国海洋环境保护法》，20 万元的罚款已经是最高上限。这个处理意见凸现了我国环境保护的尴尬，一方面法律修订严重滞后，另一方面现有法律还得不到很好的执行，环境污染物排放居高不下的原因也就显而易见了。再如，2013 年 5 月环保部对华北六省市地下水污染进行专项检查，结果对违法的 88 家企业处以罚款，总额 613 万余元，平均不到 8 万元，但"地下水造成的环境影响要大得多"。环保部负责环境监察的官员表示，污染地下水是很严重的违法行为，但从未有企业或相关人士承担过刑事责任，而目前行政处罚的最高限额，也仅为 50 万元，违法成本过低，导致一些企业屡屡违法。

由此造成的结果：一是社会主体在占有较多环境收益的同时，却不需要承担相应的环境保护义务。富裕群体的消费水平高，消耗的能源资源和排放的废弃物要比常人多得多。富裕群体理应承担更多的环境保护责任，而现实是一些富人通过破坏公共环境攫取高额利润，然后购买大排量的汽车等，挤占更多的环境容量。而普通人则不得不成为环境风险、环境危害的直接承受者。一些企业没有任何社会责任意识，肆无忌惮地排放污染物，破坏生态环境；一些人只顾个人及时行乐，造成资源的极大浪费和环境的严重污染，加剧了环境容量不公平问题。

众所周知，排污费的征收要真正体现成本补偿原则，才能达到理想的效果，这是排污外部成本内部化的底线，也是真正起到刺激排污者主动治污减排作用的关键，更是充分发挥收费政策在市场配置环境资源的基础性作用的重要因素。市场机制配置资源作用主要是通过价格信号的引导作用实现的，如果收费标准低于治理成本，污染者对污染不治理反比治理合算，对政策而言就失去其本义了。因此，积极探索建立与市场机制、治理成本相适应的收费标准决策机制迫在眉睫。

2. 环境税收与环境容量产权不公

环境税是把环境污染和生态破坏的社会成本内化到生产成本和市场价格中，通过市场机制来实现环境资源优化配置的一种经济手段，是为纠正市场失灵、保护环境为目标而设立的税收类别。环境税有广义环境税和狭义环境税之分。广义的环境税是指所有直接或间接起到保护环境作用的税目，狭义环境税又称为独立型环境税，是以环境保护为立法目的，以环境税或其他类似称谓为名目的独立税种。我国的广义环境税包括资源税、城镇土地使用税、耕地占用税、车辆使用税等针对过度消耗资源和破坏生态环境的商品所征的税，独立型税收则指 2016 年颁布的《中华人民共和国环境保护税法》中的环境税。

发达国家率先尝试将税收用之于环境保护，目前征收的环境税主要有二氧化硫税、水污染税、噪声税、固体废物税和垃圾税等 5 种，在遏制污染、保护环境方面收到了较好的效果。我国于 2016 年颁布了《中华人民共和国环境保护税法》，我国的环境税收体系已具雏形，但与矫正环境污染的外部性相比，还存在较大差距，造成了污染者的个人成本与社会成本不一致，也成为侵蚀微观主体环境容量产权的公平问题。主要表现在：一是税收征收范围较为狭窄。就广义环境税来说，消费税中，电池、塑料包装产品等日常生活中大量使用的污染产品仍未列入消费税；资源税目前有 7 个税目，但与我国数以千计的资源数相比，覆盖率不可谓不低。对于独立型环境税，征收的范围与征收尺度的规定与排污费基本一致。资源税课税数量的计算是以销售量和自用量为依据，这就导致该税种无法有效制止乱采乱弃产生的资源浪费。[①] 二是内化程度较低。广义环境税种环境成本的内化程度不高，使得社会成本高于私人成本，侵害了其他微观主体的

---

① 程良开：《中国环境税体系的完善建议》，《黑龙江省政法管理干部学院学报》2018 年第 4 期。

环境权益。

当这种情况日益严重时，政府作为环境公共产品责无旁贷的提供者，不会无视这种肆意侵权（侵害公众健康的行为），因此，作为公众代理人的政府也会采取管制措施或政策，企业在排污与否问题上的博弈又变成污染企业与公众对生态环境要求之间的博弈。为控制污染，我国政府主要采用了命令—控制型和经济激励型手段相结合的环境管理政策。命令—控制型政策主要是法律手段和行政管理手段，如我国实行的《环境保护法》、环境影响评价制度、排污许可证制度、对超标污染行为罚款等。经济激励型政策工具主要有征收环境税、绿色税收、绿色信贷、生态补偿、排污权交易、碳汇机制、清洁发展机制等，可以分为庇古手段和科斯手段。虽然庇古手段和科斯手段都有共通点，都是从拉近私人边际成本与社会边际成本来解决外部性问题。[①] 但其差别在于科斯手段能够对市场主体产生较好的激励，从而改变企业策略以达到新的均衡。

二　中观层面

为了更好地理解区域层面环境容量产权公平的概念，我们在此引入生态足迹的概念，并用省际生态足迹的情况来分析目前的环境容量产权公平问题。

1. 环境容量与生态足迹

300 年的工业文明以人类征服自然为主要特征。然而，人类的生存与发展离不开自然生态系统。生态足迹（Ecological Footprint），也称为"生态占用"，是 20 世纪 90 年代初，由加拿大大不列颠哥伦比亚大学规划与资源生态学教授 Willan E. Rees 提出来的。是为了衡量人类活动对大自然资源的需求和消耗而引入的概念，它表示在指定人口单位内（一个人、一个城市、一个国家或全人类）需要多少具备生物生产力的土地（biological produc-

---

[①] 马中、蓝虹:《环境资源产权明晰是必然的趋势》,《中国制度经济学年会论文集》(2003)。

tive land) 和水域，来生产所需资源和吸纳所衍生的废物，是通过测定现今人类为了维持自身生存而利用自然的量来评估人类对生态系统的影响。

生态足迹将每个人消耗的资源折合成全球统一的、具有生产力的地域面积，通过计算区域生态足迹总供给和总消耗之间的差值——生态赤字或生态盈余，准确地反映不同区域对于全球生态环境现状的贡献。生态足迹结合生态承载力指标，能识别特定区域的发展是否在其生态系统的承载能力或环境容量的承受范围之内。如果生态足迹大于资源承载能力，则表明对资源和环境容量的利用超过了其阈值，出现了生态赤字，环境容量使用过度，生态环境质量将会恶化。如果生态足迹小于资源承载能力，则出现生态盈余，环境容量还有剩余。（表3-6）

表3-6 生态足迹与环境容量的关系

两者关系	环境容量状况
生态足迹 > 生态承载力	环境容量被过度使用，出现生态赤字造成对环境容量公共产权的侵蚀
生态足迹 = 生态承载力	生态足迹刚好等于环境容量的阈值，既没有对环境容量的过度使用，也没有侵蚀环境容量公共产权
生态足迹 < 生态承载力	环境容量使用不足，出现生态盈余，贡献出了多余的环境容量

2. 省份尺度的环境容量占用情况

由于地理、历史等方面的原因，我国区域生态环境状况差异明显，再加上人口分布、产业结构、价格机制等综合原因，我国区域层面在环境容量利用过程中呈现出责、权、利不对等的状况，在缺乏有效生态补偿或激励机制下，区域层面的地方政府在"个体理性"的利益驱动中，与我国环境质量改善的"集体理性"相冲突，加剧了总体环境质量的恶化。

一是产业布局的不合理。长期以来，在我国产业布局中，作为资源和能源比较富集的西部欠发达地区，形成的主要产业布局是附加值较低的资源开发、粗加工型产业，而附加值高的资源深加工、制成品产业和新兴产业却主要集中于沿海发达地区。

二是价格机制不合理。没有形成能够反映资源稀缺程度和环境成本的价格机制，国家对原煤、原油、原粮等资源产品实行统一定价，统一调拨，而对发达地区以此为原料的深加工产品的价格却不加限制，造成了不合理的价格体系"剪刀差"。一方面，大量输出原材料和购进制成品价格的"剪刀差"，使利益流失到发达地区，而遗留下来的生态环境包袱却要由当地来承担；另一方面，西部地区的广大人民群众为维护良好生态环境一直在做无偿的贡献，这种发展环境极不公平。

三是缺乏完善的生态补偿机制。西部地区是大江大河的源头地区，为维护国家良好生态做出巨大贡献，由于缺乏健全的区域之间、流域层面的生态补偿机制，发达地区享受了环境保护的好处，欠发达地区却在竞争中日趋落后，造成区域之间的不公平。从占国内生产总值比重看，西部的经济发展水平与东部差距越来越大。

省份尺度上，中国的生态足迹，无论是总量水平，还是人均水平，都是不均匀的。总体上，东部的人均生态足迹以及生态足迹总量都较高，中西部的人均生态足迹、生态足迹总量都较低。（图3-2，图3-3）

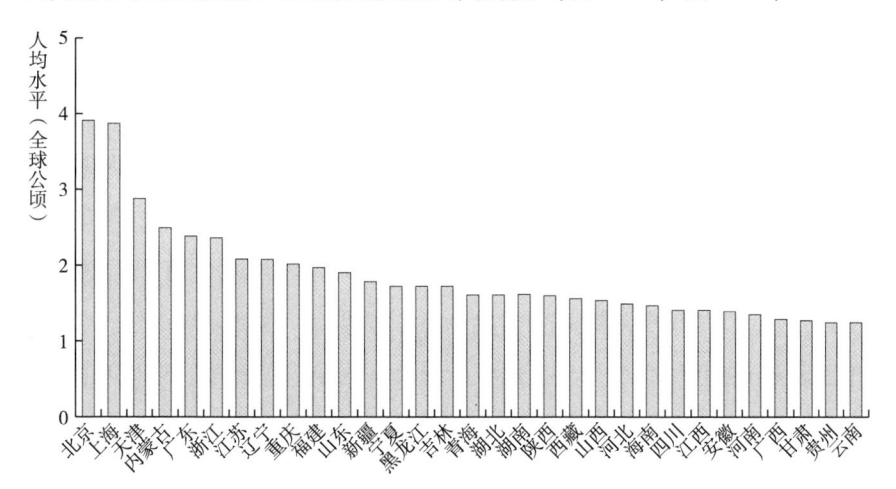

图3-2　2009年各省份人均生态足迹

资料来源：转引自《2012年中国生态足迹报告》。

由此可以看出，总体上，我国省份尺度上生态足迹总量和人均生态足迹都呈现较为明显的空间差异，东部总体上都要高于中部和西部地区，究其原因，东部地区经济发展水平与城镇化水平都相对较高，对各种资源和化石能源需求巨大，由此造成较高的生态足迹也就不足为奇。但问题的关

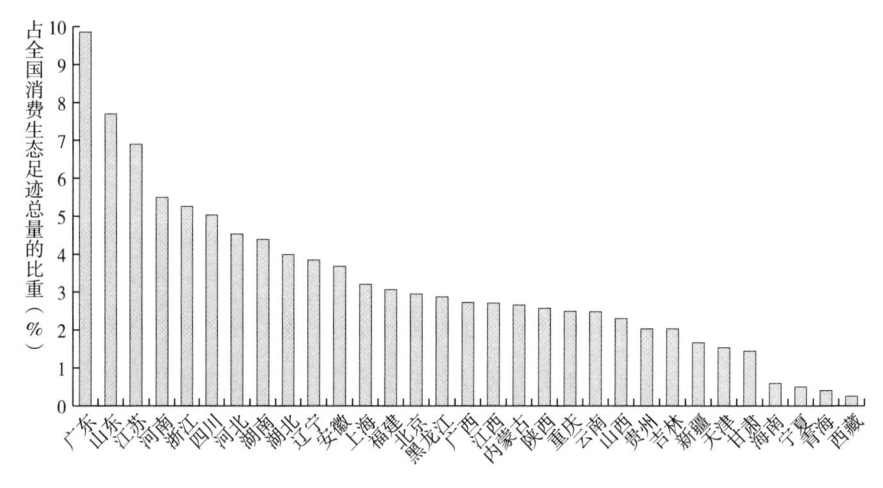

图 3-3 2009 年各省份占全国消费生态足迹总量的比重

资料来源：转引自《2012 年中国生态足迹报告》。

键在环境容量占用中，没有形成责、权、利相匹配的机制，那些为保护生态环境牺牲了发展机会的地区没有得到应该有的补偿，而享受生态效益"溢出"效应的东部地区没有支付应有的费用，反而出于自身利益角度更多地利用"免费"或"低价"的环境容量，因此，对环境容量共有产权的侵占便不可避免，"公地悲剧"的出现也就不足为奇。根据中国环境与发展国际合作委员会和世界自然基金会自 2008 年起每两年发布一期的《中国生态足迹报告》，中国的生态赤字区不断扩大，1980 年，有 19 个省处于生态赤字区，12 个省份处于生态盈余区或持平区，而到 2009 年，生态赤字的省份就达到了 25 个，只有西藏、青海、内蒙古、新疆、云南和海南共 6 个省份是生态盈余的。（表 3-7）

表 3-7 中国不同年代处于生态赤字区的省份个数

年　份	1980	1990	2000	2009
生态赤字区	19	24	26	25
严重生态赤字区（ED>2.0）	0	2	3	
较严重生态赤字区（1.0<ED≤2.0）	3	2	4	
中度生态赤字区（0.5<ED≤1.0）	3	8	12	
轻度生态赤字区（0.1<ED≤0.5）	13	12	7	

续表

年 份	1980	1990	2000	2009
生态盈余或持平区	12	7	5	6
生态基本持平区（$-0.1 < ED \leq 0.1$）	4	4	2	
生态盈余区（$ED \leq -0.1$）	8	3	3	

资料来源：根据2008年、2010年、2012年《中国生态足迹报告》整理而得。

世界自然基金会发布的《地球生命力报告·中国2015》显示，2010年中国的人均生态足迹为2.2全球公顷，超过了2010年中国人均可得生物承载力的2倍，这意味着中国整体上处于生态赤字状态。同时，31个省份（直辖市、自治区）中，25个省份处于生态赤字状态，只有6个省份处于生态盈余状态（参见图3-4）。到2012年，生态赤字的省份数量继续扩大，只有青海和西藏处于生态盈余状态（参见图3-5），云南、海南和内蒙古的生态赤字很小，如果这三个省份未来几年通过大规模的生态建设和环境保护，短期内很有可能重新回到生态盈余省份的行列。中国绝大部分省份处于生态赤字状态，对于地球的利用已经超过了资源环境的承载能力，必须要控制生态占用、增加资源环境承载力，否则，如果生态赤字状态一直延续，将会对资源环境带来难以扭转的破坏，甚至导致国内生态系统的崩溃。

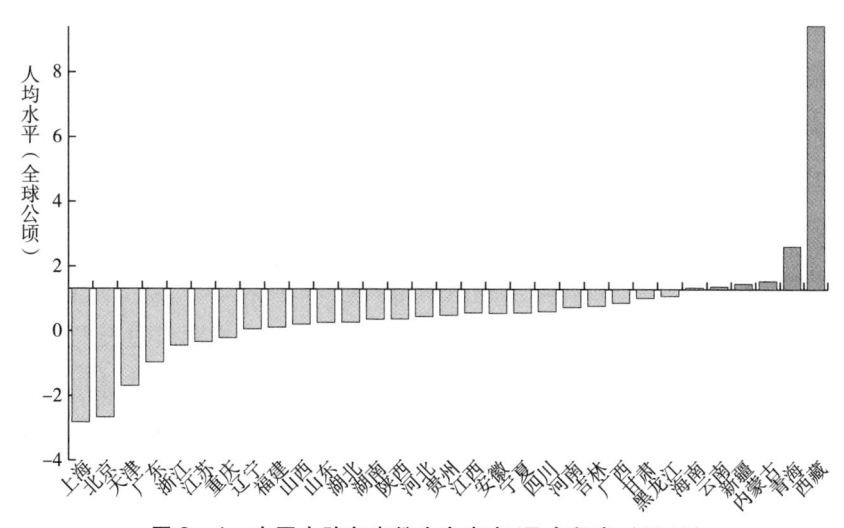

图3-4 中国大陆各省份生态赤字/盈余程度（2010）

资料来源：转引自《地球生命力报告·中国2015》，http://www.wwfchina.org。

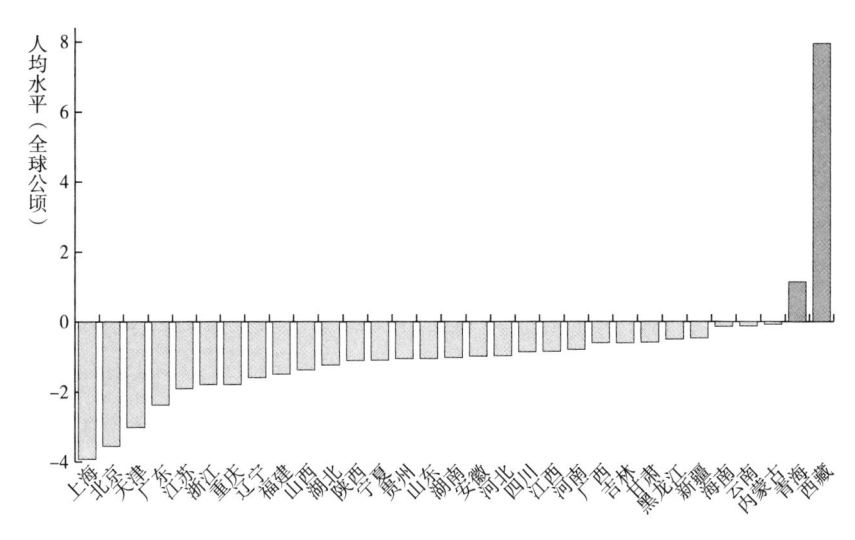

图3-5 中国大陆各省份生态赤字/盈余程度（2012）

资料来源：转引自《地球生命力报告·中国2015》，http://www.wwfchina.org。

三 代际层面

代际公平（Inter-Generation Equity）是可持续发展经济学中强调的一个重要理念。代际公平的概念最早是由伊迪丝·布朗·魏伊丝女士提出。所谓代际公平是指人类在世代延续的过程中既要保证当代人满足或实现自己的需要，还要保证后代人也能够有机会满足他们的利益需要。[①] 其核心是当代人在追求发展的同时，不能剥夺后代人满足其需要的权利。地球是人类共同的家园，这意味着人类，包括尚未出生的子孙后代都应该公正公平地享受自然的恩泽，实现人类的福祉。每一代人都有利用生态资源生存发展的权利，而自然资源是有限的，有些资源一旦被消耗就很难再生甚至不可再生，环境一旦破坏就很难恢复。当代人为了自身利益过度利用和消耗自然资源，甚至肆无忌惮地破坏自然环境，在很大程度上就等于剥夺了后代人生存发展的权利。因此，我们必须让资源环境在当代人和子孙后代

---

① 吕忠梅主编《超越与保守——可持续发展视野下的环境法创新》，法律出版社，2003，第103页。

间进行公正的分配,"为子孙后代留下可持续发展的'绿色银行'"①,"保护好中华民族永续发展的本钱"。②

资源总量是有限的,如果当代人过度开采利用,就会造成资源枯竭、温室效应、物种灭绝等资源环境问题,损害后代人的利益,甚至威胁后代人的生存。这就需要当代人和后代人之间能够公平地分配环境容量资源,获得同等的生存和发展的物质条件。世代间环境容量资源分配公平的实现主要向当代人提出了更高的要求,当代人在资源分配和利用上拥有先天的优势,这种优势往往实际转化为对资源不顾后果的任意索取。对后代人而言,其环境权益受到了损害却无法求偿。因此,当代人应该自觉承担更多的环境义务,将对环境资源"占有"的贪欲自我约束在一定的限度之内,保证环境质量不会在现有基础上继续恶化。

在环境容量交易制度中,直接体现这种当代人自我利益约束的就是总量控制,将某一区域的污染物总量控制在该最大排放总量以内,以满足该区域的环境质量要求。环境容量产权交易就是通过确定排污总量,并在总量控制下确定许可使用权,排除无形产权障碍。总量控制的原理是强制留存环境容量份额或者说为当代人可使用环境容量设限,保证后代人满足其环境需要的能力不被剥夺。通过排污总量的确定和实现,污染物排放量不断减少,环境质量得以改善,后代人环境需要的满足也就有了可能。总量控制制度由此成为排污权交易制度代际公平价值实现的关键。总量控制的基础在于总量的确定。并且,环境容量确定是否科学合理直接决定着代际间环境容量使用权的分配是否公平。如果确定的总量过大,未来时代的人们可使用的环境容量就必然减少,代际公平就无法保障。反之,当代人的发展受限,排污权交易就没有实际意义了。所以,环境总量合理、准确的确定对实现排污权交易公平价值至关重要。③

---

① 《习近平谈生态文明》,2014 年 8 月 29 日,http://cpc.people.com.cn/n/2014/0829/c164113-25567379.html。
② 《习近平关于社会主义生态文明建设论述摘编》,中央文献出版社,2017,第 24 页。
③ 宋晓丹:《排污权交易制度公平之思考》,《理论月刊》2010 年第 9 期。

然而，总量控制制度的执行需要政府发挥主导和监督作用，对于跨界污染如酸雨、气候变暖等问题，由于缺乏一个超越国家的"超政府"，目前关于气候变暖等问题的应对更多地靠没有强制力的国际合约或合作。关于气候变暖的谈判实际上是发展权之争，因此，对于应对气候变暖，各国都希望搭便车而不愿独自承担减排的义务，因此，每次气候变暖大会谈判都举步维艰。在此背景下，在各国的"个体理性"行为，便是更多地使用生态容量资源，出现了越来越多的"生态负债国"。"个体理性"与全人类的"集体理性"的冲突，造成的后果就是对环境容量的透支，全球生态超载。《中国生态足迹报告》显示，40多年来，人类对自然的利用已经超过了地球的承载能力。自20世纪70年代以来，全球进入生态超载状态（如图3-6所示），即人类的生态足迹超出了地球生物承载力。此后，人类每年对地球的需求都超过了地球的可再生能力。2008年，全球生态足迹达182亿全球公顷，人均2.7全球公顷。同年，全球生物承载力为120亿全球公顷，人均1.8全球公顷。也就是说，2008年全球生态赤字率达50%。这意味着在2008年人类需要一个半地球才能生产其所利用的可再生资源和吸收其所排放的二氧化碳。到2010年，全球人均生态足迹为2.6全球公顷，仍

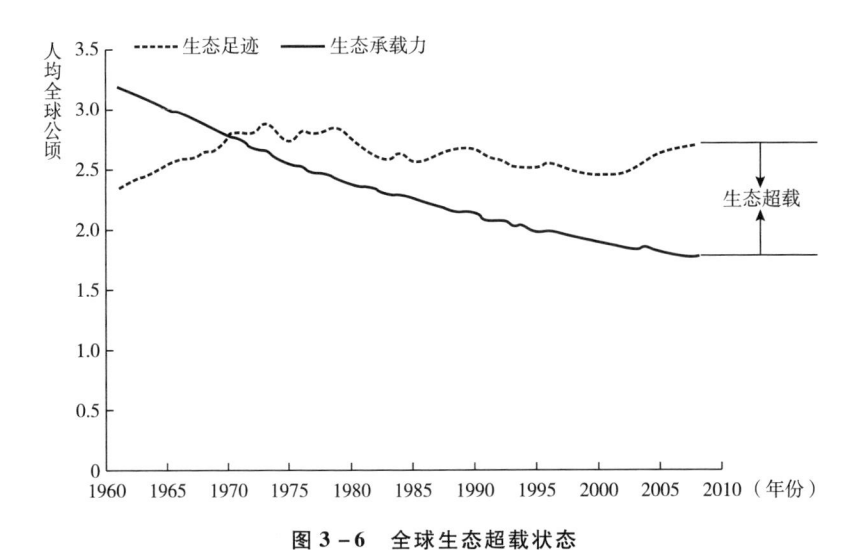

图3-6 全球生态超载状态

资料来源：http://www.footprintnetwork.org/en/index.php/GFN/page/trends/china/。

远高于全球平均生物承载力1.7全球公顷。这意味着全球仍处于生态赤字阶段，为了可持续发展，我们必须增加生物承载力，控制生态足迹增长。如果人类不采取行动，对生态系统的利用长期超过其资源环境容量，生态赤字长期存在，将会导致严重的环境问题，甚至是整个生态系统的崩溃。

第四节 制度创新——环境与经济共生的必由之路

从以上的分析我们可以看出，造成目前我国环境问题的原因极其复杂，有着深刻的制度根源。环境问题表面上看是没有调整好人与自然的关系问题，实质上是人与人之间关系失衡的问题。由于缺乏将环境外部性内部化的有效制度安排，企业和地方政府在博弈过程中，在利益最大化的驱动下，均采取了非合作的博弈策略，而现行的制度没能对博弈参与者的行为进行良好的规范和约束，由此个体千方百计推卸和逃脱治理环境污染的责任，造成了环境容量资源的严重滥用和流失，产生了巨大的社会成本。随着人类活动规模和强度的扩大，逐步超出了环境资源承载力，环境容量由免费物品变成了稀缺资源，且稀缺性随着人类发展更加凸显。良好的制度安排由于能够规范和约束个体推卸社会责任而能够有效减少社会成本，因此，环境治理的方向应该更多地从制度上面寻找原因，用良好的制度规则有效规范各主体的行为，促使博弈各方从非合作博弈向合作博弈转变，便成为解决环境问题的出路。

众所周知，稀缺性是人类普遍存在的一个社会现象。由于特定时期人类知识的有限性、较高的制度设计成本、现行制度的约束限制，再加上不完全信息等综合因素的影响，良好的制度供给本身就是一种稀缺资源。党的十八大报告把加强生态文明制度建设提到了前所未有的新高度，提出要深化考核办法、奖惩机制、生态补偿制度、耕地保护、水资源保护、资源性产品价格改革、税费改革、生态环境保护责任追究制度和环境损害赔偿制度改革。这是对我国目前日益严峻的资源环境问题和挑战，从制度层面进行反思而做出的战略选择和准备完善的政策，同时，也折射出我国生态建设和环境保护方面的制度供给不足的问题。十八届三中全会关于生态文明的论述更加强调了市场在资源配置中起决定性作用，更多地涉及经济体制改革，这也从侧面反映出环境容量资源配置中市场机制发挥作用不足的问题。十八届四中全会要求用严格的法律制度保护生态环境。十八届五中全会提出"创新、协调、绿色、开放、共享"的五大发展理念，将绿色发展作为"十三五"乃至更长时期经济社会发展的一个重要理念。十八届六中全会要求全面从严治党，为生态文明建设提供了重要的政治保障。习近平总书记2013年5月24日在十八届中央政治局第六次集体学习时的讲话中指出："保护生态环境必须依靠制度、依靠法治。只有实行最严格的制度、最严密的法治，才能为生态文明建设提供可靠保障。"2015年印发的《中共中央国务院关于加快推进生态文明建设的意见》对生态文明建设四大任务（四梁八柱的"四梁"）进行了详细布局，要求"到2020年，国土空间开发格局进一步优化；资源利用更加高效；生态环境质量总体改善；生态文明重大制度基本确立"。《生态文明体制改革总体方案》则对生态文明制度建设（四梁八柱的"八柱"）提出总体布局，明确"到2020年，构建起由自然资源资产产权制度、国土空间开发保护制度、空间规划体系、资源总量管理和全面节约制度、资源有偿使用和生态补偿制度、环境治理体系、环境治理和生态保护市场体系、生态文明绩效评价考核和责任追究制度等八项制度构成的产权清晰、多元参与、激励约束并重、系统完整的生态文明制度体系"。因此，解决环境问题，确保经济与环境的共生需要从调整人与人之间的关系即制度建设与创新方面入手。

资源配置的帕累托最优在现实"次优"世界中，是一种理想状态，但资源配置的帕累托改进包括制度供给的改进是人类一直追求的目标。考察人类历史发展进程可以看出，相对于人类需求来说，特定时期可供利用的物质财富和技术知识都是稀缺的，人类发展的过程就是不断解决制度、技术供给以及物质财富的短缺问题，以追求更高层次的生活。环境领域制度供给的稀缺是显而易见的，由此造成了环境容量资源的过度使用，个体在发展过程中不仅自身利益得不到保证，而且环境保护的行为因为不能得到应有的收益而缺乏激励，造成社会成本不断加剧，此时制度创新带来的收益会急剧增加，当其收益大于制度创新的成本时，一项制度就会被创新。因此，环境领域的制度创新不仅迫在眉睫而且具有了现实可能性。

环境领域制度供给的短缺主要表现在由于环境容量的共有资源特征，绝大部分处于共有产权的领域，没有清晰的产权界定，由此在消费环境容量资源方面，市场主体出于自身利益的最大化考虑逃脱和推卸本应由自己承担的社会成本，加剧对环境容量资源的使用，在环境容量的供给方面，环境保护的行为得不到应该有的激励而更倾向于"搭便车"，可以看出，现有的制度安排一方面造成环境容量资源的消费过度，另一方面造成环境容量资源的供给不足。因此，环境领域的制度创新就是要应用产权制度来矫正环境容量资源的零价格或低价格导致的过度使用，并鼓励环境容量资源的提供，充分利用市场机制配置环境容量资源的决定性作用。完善的产权制度是市场经济良好运行的前提条件。排他性和可转让性是产权的本质特征。由于环境容量的共有资源特征，在环境保护中"搭便车"行为就会不可避免地产生，而导致博弈各方的非合作博弈。同时环境容量产权不明晰，导致市场主体在治理污染中所获预期收益是模糊和而且是不稳定的，从而导致企业的短期投资行为。解决这一问题的关键就是明晰环境容量资源的产权。

随着环境容量稀缺性和外部性的日益凸显，环境容量资源作为经济资源的属性必须得到重视，也必须将其作为一种经济资源利用才能得到有效配置。确立产权是利用市场机制有效配置环境资源的一个重要前提，能够矫正环境容量资源的低成本甚或无成本使用。因此，通过建构环境容量资源的产权制度来实现环境容量资源的有效配置应是消除外部性的重要手段，是将市场机制引入我国环境治理领域的变革取向。

环境领域制度创新的意义及作用在于，首先是确保环境容量资源不被过度使用，一方面，人类从环境中获取的可再生资源不超过其再生能力，或者人类所消耗的不可再生资源的速率要小于人类发明或寻找到替代物的速率；另一方面，人类排入环境的废弃物不能超过环境的自净能力，以保持环境质量不出现明显下降。同时，要实现以较小的减排成本促进既定的环境质量目标，产权界定实际上就是责任界定、成本界定，产权清晰后，市场经济的良好秩序便有了保证，市场在配置环境容量资源上的作用就得以良好发挥，环境容量资源配置的帕累托改进才能实现。此外，由于产权制度能够很好地规范市场主体的行为，规定了市场主体可以做什么、不可以做什么，如果做了不该做的事情，应该承担相应成本和惩罚。因此，能够促成市场主体的责任、权利和义务相匹配，保障了个人能够通过自己的努力获得与此相匹配的收益，确保了社会公平。因此，环境领域的制度创新有助于促进经济增长以及与之相伴的社会和谐、公平公正，最终实现经济、社会、环境的协调和可持续发展。

作为一个国家性的将环境外部性内部化的制度安排，必须从体现资源稀缺性和环境成本、确保国家生态安全和经济社会可持续发展的战略高度，将环境容量资源作为一种经济资源纳入国民经济中，形成能够反映资源稀缺性和环境成本的价格形成机制，让市场机制在环境容量资源的配置中能够起到决定性作用，最终形成节约能源资源和保护生态环境的消费方式、产业结构和增长方式，从而实现经济与环境的共生。

第五节　本章小结

运用博弈论的方法，分析了微观层面、中观层面以及代际层面市场主体对于环境容量资源的过度使用，导致环境容量产权不公以及公地悲剧问题。本章的主要结论有三点。

第一，环境容量产权是一种共有产权和私有产权相结合的产权结构，且绝大部分环境容量资源处于共有产权的领域。其原因有三：一是造成环境污染的污染物种类众多和行为众多，但目前人类仅仅对二氧化硫、化学需氧量等少数几种污染物实施了总量控制。二是总量控制下的环境容量使用权的私有产权仅仅是对市场上的排污大户如企业等进行施加，对于一般消耗环境容量资源的行为和个体譬如汽车尾气等、个人排污行为等，仍然处于共有产权的状态。三是从理论上说，环境容量产权完全具有私人产权的特征，但产权界定及其交易成本会太高。因此，大部分环境容量资源的共有产权特征，使得利用过程中不可避免地出现"公地悲剧"。

第二，环境容量产权的共有产权特征，使得各博弈主体在博弈过程中，个人理性与集体理性存在根本性冲突，个体行为的趋利性特征，必然使得环境容量资源陷入"公地悲剧"的困境，造成日益严重的环境质量恶化，这无论是微观企业主体的博弈、地方政府以及中央政府的博弈，还是应对全球气候变暖的国与国之间的博弈都是这样。因此，环境容量的共有产权特点，是造成"公地悲剧"的根本原因。

第三，日益严峻的生态环境问题，从根本上说是各利益主体博弈的结果。因此，要解决环境问题，必须在清晰界定环境容量产权的前提下，建立有效激励的产权制度，以运用制度安排来调整各环境利益相关者的行为，实现外部性内在化，形成各产权主体责、权、利相一致的结果。因此，通过建构环境容量资源的产权制度来实现环境容量资源的有效配置应是消除外部性的重要手段，是将市场机制引入我国环境治理领域的变革取向。

第四章

环境容量产权的价格、市场与效用

第一节 总量控制——环境容量产权市场产生的前提

一 总量控制的概念及作用

总量控制,是将一定地域或空间作为一个整体,根据一定的环境质量目标及环境资源承载能力,确定一定时期内可以容纳的污染物总量或资源利用量,并采取措施使以实际的污染物排放量或资源利用量不超过资源环境承载能力为核心的环境管理方法体系,总量控制的最终目标是实现人类生产生活在环境容量的允许范围之内。它包含了三个方面的内容:一是排放污染物的总量;二是排放污染物总量的地域范围;三是排放污染物的时间跨度。[1] 总量控制绝不是一种将总量削减指标简单地分配到污染源的技术方法,而是将区域连续定量管理和经济学的观点引入环境保护中的"全新协调环境和经济发展的思想"[2]。总量控制是依据环境质量目标对污染物的排放总量设定了上限。从经济学意义上来说,总量控制明确了环境容量

---

[1] 宋国军:《中国污染物排放总量控制和浓度控制》,《环境保护》2000年第6期。
[2] 刘舒生、林红:《国外总量控制下的排污交易政策》,《环境科学研究》1995年第2期。

资源的稀缺性。

总量控制既是一种环境管理思想，也是一种环境管理的手段。从严格意义上说，它可分为目标总量控制、容量总量控制、行业总量控制三种类型。目标总量控制以排放限制为控制基点，从污染源可控性研究入手，进行总量控制负荷分配（简称总量分配）；容量总量控制以环境质量标准为控制基点，从污染源可控性、环境目标可达性两个方面进行总量分配；行业总量控制以能源、资源合理利用为控制基点，从最佳生产工艺和实用处理技术两方面进行总量分配。[1]

需要说明的是，总量控制是根据环境质量目标设定的环境容量利用量，它与"最优污染水平"不同，最优污染水平是指在边际治理成本与边际社会成本相等时的污染物排放量，而总量控制有可能大于、等于或小于最优污染水平。

总量控制目标的设定不仅关乎区域环境质量，还关乎技术进步以及经济社会发展成绩，是各级政府综合考虑地方经济发展、环境质量以及政府政绩的结果。总量控制目标过严，则经济社会发展空间就小，环境容量指标就会变得很稀缺，不能充分利用环境资源发展经济，还会因为排污成本的增加引发通货膨胀压力。总量控制目标过松，环境容量就不再稀缺，环境产权交易市场就难以形成，难以达到利用经济杠杆或市场机制激励企业节能减排的目的，就会造成过量排放污染物或利用资源，环境质量将难以改善甚至恶化。因此，在环境容量稀缺性日益凸显的背景下，相关政府部门应科学合理地设定总量控制目标，使排污权指标适度从紧，保持稀缺性，否则很难起到利用市场机制促进环境资源优化配置的作用。

二 国际协定——跨国界污染的总量控制

许多污染问题不仅具有区域性，更超越了国界具有全球性，如全球气

---

[1] 张玉清：《河流功能区水污染物容量总量控制的原理和方法》，中国环境科学出版社，2001，第9页。

候变暖、臭氧层破坏和酸雨问题等。在这种情况下，如果没有国家间的协定等进行强制约束，则每个国家将会在个体趋利下选择更多地排放废弃物。自《寂静的春天》《增长的极限》等著作引起全球对环境问题的警醒，可持续发展成为全人类共同追求的目标，各国也意识到如果无节制地排放，最终全体人类将面临灾难性的后果，无一能幸免。

自1972年联合国人类环境会议以来，各国逐步意识到，保护和改善环境是关系到全世界各国人民生存和发展的首要问题，也是各国政府的重要责任，是人类的紧迫任务。但是，对于跨界污染，由于不存在一个跨越国界的"超政府"来强制约束各国的减排义务，更多的是各国出于责任、利益等加入相关国际公约或签署国际协定，遵守相关减排义务及目标。目前，关于限制污染物排放的主要国际文件或协定有以下三个。

1. 联合国气候变化框架公约

《联合国气候变化框架公约》（United Nations Framework Convention on Climate Change，UNFCCC）是1992年5月22日联合国政府间谈判委员会就气候变化问题达成的公约，于1992年6月4日在巴西里约热内卢举行的联合国环境与发展大会（地球首脑会议）上通过。《联合国气候变化框架公约》是世界上第一个为全面控制二氧化碳等温室气体排放，以应对全球气候变暖给人类经济和社会带来不利影响的国际公约，也是国际社会在对付全球气候变化问题上进行国际合作的一个基本框架。

《联合国气候变化框架公约》旨在控制大气中二氧化碳、甲烷和其他造成"温室效应"的气体的排放，将温室气体的浓度稳定在使气候系统免遭破坏的水平上。公约对发达国家和发展中国家规定的义务以及履行义务的程序有所区别。公约要求发达国家作为温室气体的排放大户，采取具体措施限制温室气体的排放，并向发展中国家提供资金以支付他们履行公约义务所需的费用。而发展中国家只承担提供温室气体源与温室气体汇的国家清单的义务，制订并执行含有关于温室气体源与温室气体汇排放措施的方案，不承担有法律约束力的限控义务。公约建立了一个向发展中国家提供资金和技术，使其能够履行公约义务的资金机制。

《公约》一个引起争议的关键条款是每个成员国实施限制温室气体排放的国家战略。每个成员国都支持到 2000 年把温室气体排放量削减到 1990 年排放水平的承诺。在 1995 年的柏林会议上，一些成员国继续支持这个承诺，而另一些国家则认为这个承诺还不够。进一步的讨论主要集中在建立时间表和控制目标问题上，要求主要的二氧化碳排放国，如日本和美国，承诺更严格的控制，而主要的二氧化碳排放国的代表则表示这将会削弱本国的国际竞争力和国内就业率。

2. 京都议定书

1997 年 12 月在日本举行的联合国气候变化框架公约第三次成员国会议上制定。其目标是"将大气中的温室气体含量稳定在一个适当的水平，进而防止剧烈的气候改变对人类造成伤害"。最终的《京都议定书》要求 38 个发达国家排放量比 1990 年水平降低 5.2%，而没有将这样的目标强加给发展中国家。2002 年，日本和欧盟批准了议定书，使批准议定书的国家数量达到了 44 个。至此，《京都议定书》成员国中，发达国家温室气体排放量已经达到世界排放量的 36%，这意味着依然需要大多数其他发达国家的批准，以保证必需的 55% 的排放量。但是，虽然美国于 1998 年 11 月第四次成员国会议上签署了议定书，但美国总统没有将议定书提交国会批准，美国国会认为议定书的排放限额将会损害美国的经济，因此，在 2001 年 3 月，时任美国总统布什宣布退出《京都议定书》。

《京都议定书》规定，到 2010 年，所有发达国家排放的二氧化碳等 6 种温室气体的数量，要比 1990 年减少 5.2%，发展中国家没有减排义务。对各发达国家来说，2008 年到 2012 年必须完成的削减目标是：与 1990 年相比，欧盟削减 8%、美国削减 7%、日本削减 6%、加拿大削减 6%、东欧各国削减 5% ~ 8%。新西兰、俄罗斯和乌克兰则不必削减，可将排放量稳定在 1990 年水平上。议定书同时允许爱尔兰、澳大利亚和挪威的排放量分别比 1990 年增加 10%、8% 和 1%。（表 4 - 1）

表 4-1　《京都议定书》各国减排目标

旨在减少二氧化碳等 6 种温室气体数量的《京都议定书》	
国家和地区	2008~2012 年完成的削减目标（与 1990 年相比）
欧　盟	削减 8%
美　国	削减 7%
日　本	削减 6%
加拿大	削减 6%
东欧各国	5%~8%
爱尔兰	允许排放量增加 10%
澳大利亚	允许增加 8%
挪　威	允许增加 1%

注：6 种主要温室气体是指二氧化碳（CO_2）、甲烷（CH_4）、一氧化二氮（N_2O）、全氟烃（PFCS）、氢氟烃（HFCS）、六氟化硫（SF_6）。
资料来源：《京都议定书》给各国规定的减排目标，《中国林业》2006 年第 17 期。

3. 蒙特利尔议定书

《蒙特利尔议定书》全名为《蒙特利尔破坏臭氧层物质管制议定书》（Montreal Protocol on Substances that Deplete the Ozone Layer），是联合国为了避免工业产品中的氟氯碳化物对地球臭氧层继续造成恶化及损害，承续 1985 年保护臭氧层维也纳公约的大原则，于 1987 年 9 月 16 日邀请所属 26 个会员国在加拿大蒙特利尔所签署的环境保护公约。该公约自 1989 年 1 月 1 日起生效。截至 2002 年，已经有超过 180 个国家批准了《蒙特利尔议定书》。

除此之外，还有《伦敦倾倒公约》《美国—加拿大空气质量协定》等国际多边或双边的国际公约和协定，有的是直接禁止向环境排放特定的废弃物，有的是对排放废弃物的总量进行了限制。

三　区域的总量控制

环境是公共产品，政府是责无旁贷的提供者，因此，必须兼顾经济社会发展与环境保护，在两者之间找到一个结合点，将经济发展约束在环境容量许可的范围之内，以保证每个公民（包括尚未出生的国民）最基本的环境权,让他们都能呼吸上新鲜的空气、喝上洁净的饮水,在良好的生态环境中生产生活。经济增长的外边界是环境容量。① 由于环境是影响人类生存和发展的各种天然的和经过人工改造的自然因素的总体,很难对某个区域范围笼统地设定一个环境容量。现实中比较有可操作性的做法是对某类资源消耗设定一个总量或对某类污染物的排放设定一个总量。可以用资源消耗或污染物排放的数量和总量来表示一个区域的环境容量。

强制设定环境容量的做法在国际上比较通行,并经实践检验在环境保护和减排方面发挥了积极作用。美国是较早设定环境容量上限来减少排放物的国家。20世纪80年代,美国每年的硫氧化物排放总量超过2000万吨,其中75%来自火力发电厂。1990年美国《清洁空气法案》修正案提出了"酸雨计划",要求电力行业在1980年的水平上削减1000万吨造成酸雨的先导物质的排放量,每年削减100万吨二氧化硫的控制目标。据美国总会计师事务所估计,从1990年被用于二氧化硫排放总量控制以来,美国二氧化硫排放量得到明显控制,并节约了约20亿美元治理污染的费用。联邦德国运用水污染物总量控制管理办法,使60%以上排入莱茵河的工业废水和生活污水得到处理。其他国家如瑞典、苏联、韩国、罗马尼亚、波兰等也都相继实行了以污染物排放总量为核心的水环境管理方法,取得了一定的效果。在全球气候变暖的背景下,总量控制已被广泛应用于国际社会应对气候变化中。1997年12月制定的《京都议定书》要求发达国家在2008~2012年二氧化碳等6种温室气体的排放量要比1990年减少5.2%,目的是"将大气中的温室气体含量稳定在一个适当的水平"。

将总量控制手段运用于环境领域,已不是一个新鲜的做法。早在1985年,上海市开始试行污染物排放总量控制——保护黄浦江上游水资源,徐州、厦门、金华、深圳、常州、重庆等城市陆续推广这种管理办法;1988年3月,国家环保局关于以总量控制为核心的《水污染排放许可证管理暂行办法》和开展排放许可证试点工作,1995年《水污染防治法》——可

---

① 蒲志仲:《资源产权制度与价格机制关系研究》,《价格理论与实践》2006年第6期。

实施重点污染物排放的总量控制制度，并对有排放削减任务的企业实施重点污染物排放量的核定制度。1996 年，全国人大通过的《国民经济和社会发展"九五"计划和 2010 年远景目标纲要》中提出污染物排放总量控制，我国开始进入总量控制、强化水环境管理的新阶段，总量控制正式作为中国环境保护的一项重大举措，1997 年污染物排放总量控制由思路框架落实成为一项具体的国家级的环保政策。"九五"期间，我国对烟尘、工业粉尘、二氧化硫等 12 种主要污染物的排放量实行总量控制（见表 4-2）。尤其是当前在全球气候变暖的背景下，在国际社会的压力以及自身经济社会可持续发展的内在要求下，我国政府也展现一个负责任大国的形象，做出了积极的努力，并将以污染物排放总量控制为中心的污染减排作为我国环境保护的重点工作之一。目前，国内关于总量控制下的环境容量产权交易更多地集中于排污权交易研究及实践，但随着资源环境危机的日益凸显，运用总量控制解决资源利用领域的管理方法已逐步得到应用。

表 4-2　"九五"期间主要污染物排放总量控制计划汇总

名　称	1995 年	2000 年	2000 年比 1995 年增长（%）
烟尘排放量（万吨）	1744	1750	0.35
工业粉尘排放量（万吨）	1731	1700	-1.80
二氧化硫排放量（万吨）	2370	2460	3.80
化学需氧量排放量（万吨）	2233	2200	-1.48
石油类排放量（吨）	84370	83100	-1.51
氰化物排放量（吨）	3495	3273	-6.36
砷排放量（吨）	1446	1376	-4.84
汞排放量（吨）	27	26	-3.71
铅排放量（吨）	1700	1670	-1.77
镉排放量（吨）	285	270	-5.27
6 价铬排放量（吨）	670	618	-7.77
工业固体废弃物排放量（万吨）	6170	5995	-2.84

环境容量从理论上非常容易理解，理论上也一定存在一个"环境容量"值，但现实中很难科学测定，只能对某个区域范围笼统地设定

一个环境容量。在目前我国将节能减排作为经济社会发展约束性目标的宏观背景下，政府通过设定一定的环境质量目标从而使环境容量产权的界定及交易成为可能并具有了现实操作性。主要做法是对某类污染物的排放设定一个总量，因此环境容量就可以用污染物排放的数量和总量来表示，见图4-1所示。"十三五"期间，我国在"十二五"化学需氧量和二氧化硫两项主要污染物排放的基础上，将氨氮和氮氧化物排放纳入总量控制指标体系，对上述四项主要污染物排放实施国家总量控制（见表4-3）。同时，我国政府还对"十三五"期间各地区的节能减排设定了总量控制计划（见表4-4）。中央政府通过自上而下、层层分解落实的办法将环境容量资源分配到每一个区域单位，并通过环境目标责任制、创建环保模范城市等方式，将节能减排指标的完成情况作为考核地方政府领导干部政绩和国有企业负责人业绩的重要依据，实行问责制和一票否决制，从而确保了污染物排放总量控制的贯彻落实。

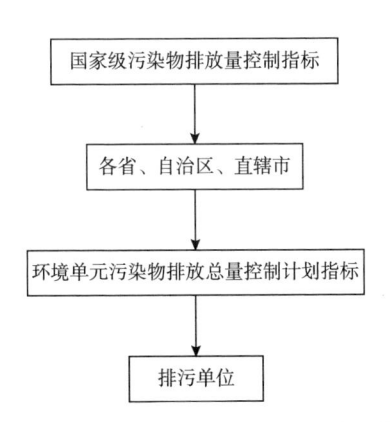

图4-1 污染物排放总量控制实施示意

表4-3 "十三五"期间中国节能减排约束性目标

指　　标	2020年	比2015年下降
万元国内生产总值能耗		15%
化学需氧量排放总量	2001万吨	10%
二氧化硫排放总量	1580万吨	15%

续表

指　　标	2020 年	比 2015 年下降
氨氮排放总量	207 万吨	10%
氮氧化物排放总量	1574 万吨	15%
能源消费总量	50 亿吨标准煤	

资料来源：国务院关于印发"十三五"节能减排综合性工作方案的通知（国发〔2016〕74号）。

表 4-4　"十三五"期间各地区节能减排指标控制计划

地区	万元GDP能耗降低率（%）	化学需氧量排放总量控制计划		氨氮排放总量控制计划		二氧化硫排放总量控制计划		氮氧化物排放总量控制计划	
		2015年排放量（万吨）	2020年减排比例（%）	2015年排放量（万吨）	2020年减排比例（%）	2015年排放量（万吨）	2020年减排比例（%）	2015年排放量（万吨）	2020年减排比例（%）
北京	17	16.2	14.4	1.6	16.1	7.1	35	13.8	25
天津	17	20.9	14.4	2.4	16.1	18.6	25	24.7	25
河北	17	120.8	19.0	9.7	20.0	110.8	28	135.1	28
山西	15	40.5	17.6	5.0	18.0	112.1	20	93.1	20
内蒙古	14	83.6	7.1	4.7	7.0	123.1	11	113.9	11
辽宁	15	116.7	13.4	9.6	8.8	96.9	20	82.8	20
吉林	15	72.4	4.8	5.1	6.4	36.3	18	50.2	18
黑龙江	15	139.3	6.0	8.1	7.0	45.6	11	64.5	11
上海	17	19.9	14.4	4.3	13.4	17.1	20	30.1	20
江苏	17	105.5	13.5	13.8	13.4	83.5	20	106.8	20
浙江	17	68.3	19.2	9.8	17.6	53.8	17	60.7	17
安徽	16	87.1	9.9	9.7	14.3	48.0	16	72.1	16
福建	16	60.9	4.1	8.5	3.5	33.8	—	37.9	—
江西	16	71.6	4.3	8.5	3.8	52.8	12	49.3	12
山东	17	175.8	11.7	15.3	13.4	152.6	27	142.4	27
河南	16	128.7	18.4	13.4	16.6	114.4	28	126.2	28
湖北	16	98.6	9.9	11.4	10.2	55.1	20	51.5	20
湖南	16	120.8	10.1	15.1	10.1	59.6	21	49.7	15
广东	17	160.7	10.4	20.0	11.3	67.8	3	99.7	3
广西	14	71.1	1.0	7.7	1.0	42.1	13	37.3	13
海南	10	18.8	1.2	2.1	1.9	3.2	—	9.0	—

续表

地区	万元GDP能耗降低率（%）	化学需氧量排放总量控制计划		氨氮排放总量控制计划		二氧化硫排放总量控制计划		氮氧化物排放总量控制计划	
		2015年排放量（万吨）	2020年减排比例（%）	2015年排放量（万吨）	2020年减排比例（%）	2015年排放量（万吨）	2020年减排比例（%）	2015年排放量（万吨）	2020年减排比例（%）
重庆	16	38.0	7.4	5.0	6.3	49.6	18	32.1	18
四川	16	118.6	12.8	13.1	13.9	71.8	16	53.4	16
贵州	14	31.8	8.5	3.6	11.2	85.3	7	41.9	7
云南	14	51.0	14.1	5.5	12.9	58.4	1	44.9	1
西藏	10	2.9	—	0.3	—	0.5	—	5.3	—
陕西	15	48.9	10.0	5.6	10.0	73.5	15	62.7	15
甘肃	14	36.6	8.2	3.7	8.0	57.1	8	38.7	8
青海	10	10.4	1.1	1.0	1.4	15.1	6	11.8	6
宁夏	14	21.1	1.2	1.6	0.7	35.8	12	36.8	12
新疆	10	56.0	1.6	4.0	2.8	66.8	3	63.7	3

资料来源：国务院关于印发"十三五"节能减排综合性工作方案的通知（国发〔2016〕74号）。

目前，我国环境领域的总量控制主要有目标总量控制、容量总量控制、行业总量控制三种类型。[①] 目标总量控制是一个特定污染物覆盖所有排放源下的总量控制，如我国"十二五"期间实行的化学需氧量、二氧化硫、氨氮、氮氧化物排放总量控制就属于目标总量控制。容量总量控制是指满足特定区域一定环境质量目标下允许的最大排放总量，控制的范围可以是一个城市、流域，甚至是某个划定的区域。这比较适合地方环境管理部门采用。如我国滇池，巢湖、太湖流域实行的主要污染物总量控制就属于容量总量控制。行业总量控制是指一个特定行业内对特定污染物采用的排放总量控制。如我国对造纸、印染和化工行业实行化学需氧量和氨氮排放总量控制，对电力行业实行二氧化硫和氮氧化物排放总量控制，对钢铁行业实行二氧化硫排放总量控制等就属于行业排放总量控制。我国目前的

---

① 张玉清：《河流功能区水污染物容量总量控制的原理和方法》，中国环境科学出版社，2001，第9页。

总量控制计划主要采用目标总量控制,同时辅以部分的容量总量控制。但目标总量控制只能被视为当容量总量控制条件不成熟时的过渡阶段。① 总量控制的最终目标是实现容量总量控制。

在总量控制下,环境容量资源就成为各级政府的一种稀缺资源,从而具有了经济物品的属性。政府给区域内企业一定的排放配额,如果企业想要排放更多的污染物就必须从市场上购买排放额。如果企业实施了减排措施,或者利用更加有利于环境保护的清洁生产技术,就可以将剩余的排放额拿到交易市场上出售。排污权交易必须以总量控制为条件。首先,总量控制明确了环境容量的稀缺性,使容量资源成为经济物品;其次,通过总量控制明确企业对容量资源的产权(使用权)②。因此,总量控制为环境容量产权的有偿性使用和交易提供了前提和基础。

第二节 环境容量产权价格的形成

政府设定了总量控制目标后,通过初始分配将环境容量以排污权或许可证的形式分配给企业,这是环境容量产权的初始分配过程。目前,从操作方式上看,环境容量产权初始分配方式主要有免费分配、公开拍卖和标价出售三类,其中公开拍卖和标价出售属于有偿取得的范畴,免费分配属于无偿取得的范畴。环境产权的初始分配构成了环境产权的一级市场,这是政府管理部门与企业进行博弈的过程。企业在一级市场上获得排污指标后,如果因为生产规模扩大或其他原因想要排放更多的污染物,就可以向其他企业购买排放额。如果企业节约了排污指标,可以将节余的排污指标拿到交易市场上出售,这构成了环境容量产权交易的二级市场,这是各排

---

① 国家环境保护局、中国环境科学研究院:《城市大气污染总量控制典型范例》,中国环境科学出版社,1993,第5页。

② 马中、Dan Dudek、吴健、张建宇、刘淑琴:《论总量控制与排污权交易》,《中国环境科学》2002年第1期。

污主体间进行博弈的过程。因此,环境容量产权市场是一个由政府主导下的市场,由一级市场和二级市场构成。

环境容量产权的价格形成及变化可以用图4－2来说明。如图4－2所示,纵轴表示环境容量产权价格(环境治理成本),横轴表示污染物排放量,MAC 表示边际治污成本,MEC 表示边际外部成本。由于环境容量产权的使用者是根据自身边际治污成本来确定对环境容量产权的需求量,因此,可将图中的边际治理成本看成环境容量产权的需求曲线。由于政府根据总量控制目标来发放排污许可证,在一定时间内不会受环境容量产权价格的变化或市场的波动而发生变化,因此,环境容量产权的供给曲线是一条垂直于横轴的直线。环境容量产权的价格要受几方面的影响:其一,要受政府排污许可证发行总量的影响;其二,要受企业治污的市场价格(治污市场)的影响;其三,还要受政府排污许可证发行定价的影响。

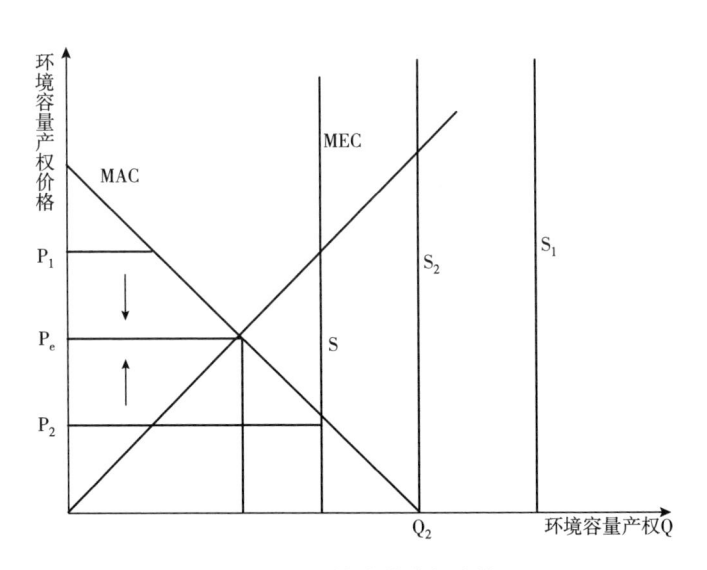

图 4－2 环境容量产权价格

环境容量产权价格主要受市场供求因素的影响,就供给来说,主要取决于政府对总量控制目标的设定。如果政府设定的环境容量总量目标过于宽松,如图4－2所示的环境容量产权供给曲线为 S_1,S_1 与环境容量需求曲线无任何交点，表明环境容量总量过多，形不成稀缺性，因此其产权价格为零，形不成环境容量产权市场，难以起到利用经济杠杆或市场机制激励企业节能减排的作用，就会造成过量排放污染物或利用资源，环境质量将难以改善甚至恶化。只有当政府设定的允许使用的环境容量在如图4－2所示小于Q_2的区间内，此时环境容量才成为稀缺资源，才能形成有效的环境容量产权市场。但总量控制目标过严，则经济社会发展空间就小，环境容量指标就会变得很稀缺，不能充分利用环境资源发展经济，还会因为排污成本的增加引发通货膨胀压力。因此，在环境容量稀缺性日益凸显的背景下，科学合理地设定总量控制目标，使环境容量指标适度从紧，保持稀缺性，才能达到利用市场机制促进环境资源优化配置的目的。

就环境容量的需求来说，当有新的企业即污染源加入时，对于环境容量的需求将增加，环境容量的需求曲线将向右平移，而供给曲线将不变，因此，环境容量产权的价格将上涨。如果有企业退出市场，则环境容量产权需求曲线将向左平移，此时环境容量产权价格将下降。

在环境容量产权交易市场，无论最初的交易价格如何，在市场机制的作用下，环境容量产权的价格会逐步向其相对价格P_e接近。如图4－2所示，当MAC＝MEC时，此时企业的私人边际成本等于社会边际成本，不存在外部性，环境资源的配置达到帕累托最优，其所对应的环境容量产权价格为相对价格P_e。但现实中由于受环境容量总量目标设定、排污权初始分配、信息不对称等各种因素影响，环境容量产权的交易价格很少等于其相对价格P_e。如果交易价格高于相对价格，即$P_1 > P_e$，由于环境容量产权价格较高，企业更倾向于通过采取治污手段实现节能减排目标，因此，环境容量的市场需求量将减少，在市场供需规律的调节下，环境容量产权价格将逐步向相对价格P_e接近。如果环境容量产权价格P_2低于P_e，由于环境容量产权价格低于企业的边际治污成本，因此更多企业倾向于购买环境容量产权而不愿意自身采取治污手段控制污染，因此导致市场需求扩大，推动环境容量产权价格上涨不断靠近并稳定在相对

价格 P_e 上。因此,环境外部性解决的有效方法是通过市场机制并在不断的市场交易中完成,虽然这是一个漫长的过程。"明晰的产权是市场交易的结果,因此,产权界定是在产权交易中不断演进的……每一次交换都使产权的权利边界更为清晰,从而使资源的市场价格与其相对价格更为接近。"

第三节 总量控制下环境容量产权交易制度的效用分析

改革开放以来,中国的经济发展取得了举世瞩目的巨大成就,2010年中国以 40 万亿元的 GDP 总量超过日本,成为世界第二大经济体。但在如此骄人成绩背后,我们不得不承认,在很大程度上,中国的经济增长是以资源过量消耗和环境加速恶化为代价的。尽管中国政府早已注意到这种"增长的代价",并在党的十七大报告中提出"必须把建设资源节约型和环境友好型社会放在工业化、现代化发展战略的突出位置",以促进国民经济又快又好的发展。党的十八大更将生态文明建设纳入中国特色社会主义建设"五位一体"的总体布局中,为建设"美丽中国",实现中华民族永续发展,提出了一系列的政策倡导。

然而,经济增长带来的环境积弊,非朝夕可除。虽然国家每年投入巨资进行生态建设和环境保护,仅"十一五"期间各类环保投入就达 2.1 万亿元,但环境质量依然难以得到根本性扭转,部分地区环境质量甚至每况愈下。这不得不促使我们深思:造成环境污染的根本原因是什么?为什么持之以恒的污染治理和投入难以扭转环境质量恶化的趋势?现行的环境制度和治理手段为什么对有些排污企业和环境损害行为缺乏有效的制度约束力?

为控制污染,我国主要采用了命令—控制型和经济激励型手段相结合的环境管理政策。命令—控制型政策主要是法律手段和行政管理手段,如我国实行的《环境保护法》、环境影响评价制度、排污许可证制度、对超标污染行为罚款等。经济激励型政策工具主要有征收排污费、绿色税收、绿色信贷、生态补偿、排污权交易、碳汇机制、清洁发展机制等，可以分为庇古手段和科斯手段。庇古手段侧重于政府干预即对环境污染的行为征收税收，对环境保护的行为给予补贴的方式解决环境问题；科斯手段则侧重于运用产权理论通过市场机制来解决环境外部性问题，其基本原理是通过设立产权，创建市场，利用市场机制来提高环境容量资源的配置效率。因此，不同环境管理手段其实施成本和效果是否具有差异性，何种管理工具更具有成本和效用方面的优势，环境管理中应该如何优化各种环境工具的组合使用以提高环境管理绩效，便成为一个关乎可持续发展的重要课题，也引起了学者的广泛关注和讨论。

苏晓红从效率、技术创新激励两个方面对命令—控制型和经济激励型环境管制工具进行比较分析，认为命令—控制型环境管制政策能较快地控制污染排放，但缺乏效率，且不利于技术创新，经济激励型环境管制政策具有成本低、技术创新激励型强的特点。[1] 刘丹鹤在比较分析市场交易型环境工具和命令—控制型环境工具不同政策效应的基础上，认为与传统的依据技术法规和排放标准的规制工具相比，经济工具也许能够减少获得既定环境保护水平所需的成本。[2] 马中、蓝虹对解决环境问题的科斯手段和庇古手段进行了对比分析，认为解决环境问题的有效办法就是通过环境资源的产权明晰，导致市场形成价格，从而在价格机制作用下诱发技术创新，引导生产消费，扩大资源基础存量，从而得出环境资源明晰是必然趋势的结论。[3] 耿世刚用经济学的方法对排污权交易对于治理污染的效应进行了分析，得出排污权交易可以节约治理成本和激励效应，具有明显的经

---

[1] 苏晓红：《环境管制政策的比较分析》，《生态经济》2008 年第 4 期。
[2] 刘丹鹤：《环境规制工具选择及政策启示》，《北京理工大学学报》（社会科学版）2010 年第 2 期。
[3] 马中、蓝虹：《环境资源产权明晰是必然的趋势》，《中国制度经济学年会论文集》(2003)。

济、社会和环境效益。① 袁子媚对比分析了"庇古税收"和"科斯定理"对于环境治理外部性内在化的作用机理，认为事后补救的"庇古税收"能作为事前抑制的科斯定理的一种补充。并认为，污染治理应以科斯产权制度建立为主，辅以"庇古税"进行环境治理。② 杜宽旗③、胡妍斌④等学者也从不同角度得出了同样的研究结论。

就笔者所掌握的文献来看，大部分学者都认为经济激励型环境管理手段的优势体现在管理成本和激励环境治理技术的发明与传播方面，尤其是科斯手段即产权交易在控制污染成本和管理成效方面更具优势。但研究从定性分析方面得出经济激励型尤其是产权交易的成本和效用优势的居多，从经济学原理定量地分析环境容量产权市场的形成以及产权交易在减少社会控污成本和产生技术激励从而扩大环境容量机理方面的研究极少，本文力图在此方面做一尝试。

需要说明的是，环境问题极具复杂性和特殊性，环境管理必须借助政府和市场的共同力量，环境管理任何时候都不可能简单地在何种管理工具中进行选择只依靠单纯任何一种环境管理工具，而应该是多种环境管理工具的组合使用。讨论何种管理工具在成本和实施效用方面具有优势，其实践及指导意义在于提高该种管理工具的使用范围和比例，并不是否定和排除其他环境管理工具的使用。在肯定经济激励型环境管理手段的成效时，我们不能否认命令—控制型工具在某些领域可能更有效，尤其是在当前技术水平、信息不对称等条件约束下。

总量控制下的环境容量产权交易作为以市场经济为基础的制度安排，其对于环境保护的效用体现在以下三个方面。

---

① 耿世刚：《制度与市场机制在治理污染中的作用》，《中国环境管理干部学院学报》2001年第11期。
② 袁子媚：《浅谈外部性内在化理论对环境治理的指导作用——从"庇古税收"走向"科斯定理"的产权制度建设角度分析》，《现代商业》2016年第26期。
③ 杜宽旗：《对区域环境污染管理政策工具选择的理论再思考》，《郑州航空工业管理学院学报》2006年第24期。
④ 胡妍斌：《探索排污权交易在加强环境保护方面的作用》，《环境科学导刊》2008年第6期。

一 经济效益

环境容量产权交易有助于以较小的成本实现节能减排，具有明显的经济效益。在这种制度下，企业根据自己的生产成本曲线或收益曲线，在购买排污权和减少排放之间做出对自己有利的选择。假设市场上只有两个环境容量的使用者，企业1和企业2，他们的边际治污成本分别为 MAC1 和 MAC2，且在同样的污染水平上，企业2的边际治污成本大于企业1的边际治污成本，即 MAC2 > MAC1，因为 MAC 曲线也是环境容量产权的需求曲线，且总需求曲线是两个企业需求曲线横向相加之和，即 MAC = MAC1 + MAC2。从图 4-3 我们可以看出，当环境容量产权的价格为 P 时，企业1和企业2将分别购买 Q1 和 Q2 的环境容量产权，由于 Q2 > Q1，因此，可以看出，边际治理成本高的企业将倾向于购买更多的排污权。

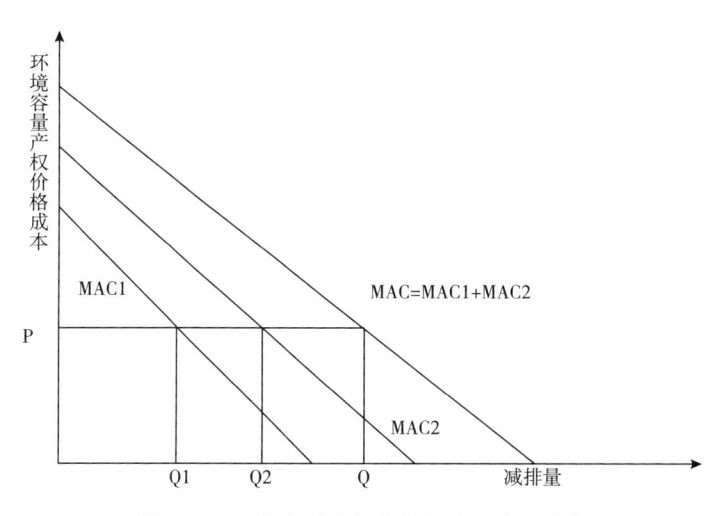

图 4-3 环境容量产权价格与边际治污成本

假定两个企业都排放25个单位的二氧化硫，而政府根据这一区域环境逐步恶化的趋势，设定了该区域一年内二氧化硫的排放总量为30个单位，并通过初始产权给每个企业免费发放了15个单位的二氧化硫排放权，这要求两个企业都各自减少10个单位的二氧化硫排放权，因此，两个企业的排污成本为 C = 10MAC1 + 10MAC2 = 10MAC，即总的治污成本为10MAC。由于企业2的边际治理成本 MAC2 大于企业1的边际治污成本 MAC1，由于可以进行排污权交易，因此对于企业2来说，如果能够以低于 MAC2 的价格 P 从企业1那里购买排污权就能够降低自己的治理成本，这是有利可图的，而对于企业1来说，如能以高于 MAC1 的价格 P 出售排污权，它更倾向于采取治污手段削减二氧化硫排放量并将节余的排放权出售给企业2，假设企业2向企业1以价格 P 购买了5个单位二氧化硫排放量，有 MAC2 > P > MAC1，因此，企业2的治污成本为 5P + 5MAC2，而企业1在原来减少10个单位的二氧化硫排放的基础上，还要再减少5个单位的排放量，因此其治理成本为 15MAC1 − 5P，因此总的社会治理成本就为 C1 = 5P + 5MAC2 + 15MAC1 − 5P = 15MAC1 + 5MAC2 = < 10MAC1 + 10MAC2，减少的社会治理成本 ΔC = C − C1 = 10MAC1 + 10MAC2 − 15MAC1 + 5MAC2 = 5（MAC2 − MAC1），即为产权交易总量与企业间边际治理费用差额的乘积。

然而现实中市场上不仅只有两个企业而是有 n 个企业，这些企业在排污交易市场上根据环境容量产权价格、交易条件以及自身治污成本等与其他排污企业间进行博弈，从而做出对自己最有利的选择以谋求自身最大利益。同样的道理，当市场中存在多个企业时，节约的社会治理总成本 C 就应该为：$C = \sum_{i,j \subset (o,n)} Qi(MACi - MACj)$，即企业排污权交易的数量与其边际治理成本差额乘积的总和。表明在环境质量一定的条件下，总的社会治理成本可有明显减少。

由此可以看出，如果企业边际治污成本低于排污权价格，则企业倾向于通过减排，将多余的排污权拿到市场出售。如果企业边际治污成本高于排污权价格，则企业会减少对污染的治理，而通过购买排污权加以补偿，直至两者的边际治理成本相等为止。因此，环境容量资源就配置到那些能以更小成本实现减排的企业那里，污染削减发生在边际治理成本最低的企业，从而使社会以最低的成本实现排放削减。环境容量产权交易在一定程度上将企业的治理责任和治理行动区分开来了，实现了污染治理任务的优化分配，减低全社会污染治理的总体成本。美国的排污权交易的实践也证明了这一点。据美国总会计师事务所估计，从 1990 年被用于二氧化硫排放总量控制以来，美国二氧化硫排放量得到明显控制，并节约了约 20 亿美元治理污染的费用。[①] 排污权交易允许污染控制过程的参与者扮演自己最擅长的角色，解决了命令—控制型环境政策造成的信息与动机之间的矛盾。[②]

二 生态效益

即有助于扩大环境容量供给，具有显著的生态效益。首先，由于总量控制是将管理的地域空间（行政区、流域、环境功能区等）作为一个整体，对于地域空间一定时间的环境容量设定了上限，从而确保了一定环境治理目标的实现。只有控制住污染物或资源利用的总量，方可达到改善环境质量的目的。

更重要的是，在环境容量产权交易制度下，由于企业可以将节约环境容量产权指标拿到二级市场上出售而获得经济回报，让企业的污染治理行为变得有利可图，激发企业推广使用资源节约和环境友好型技术，或者使用更加清洁的能源，来实现节能减排的目的。如图 4-4 所示，在传统的环境政策下，如果企业利用了 Q1 的环境容量就算达到了环境质量控制目标的话，在传统的行政命令或征收环境税等环境管理手段下，因为企业用于技术创新或变更生产要素的成本不能得到补偿，因此企业没有任何技术革新的动力和激励。然而，如果建立了有效的环境容量产权交易制度，由于环境容量产权可以得到补偿和回报，只要企业技术创新或变更生产要素的

[①] 《媒体称排污权交易雷声大雨点小"看上去很美"》，http://www.chinanews.com/sh/2013/07-14/5039226.shtml。

[②] 刘红侠、何士龙、吴晓霞、韩宝平、张雁秋：《试论排污权交易在环境管理中的作用》，《能源环境保护》2003 年第 2 期。

边际收益大于边际成本,企业都将会使用更加清洁的生产技术或清洁能源以减少对环境容量的占用,因此,企业的边际治理成本就将由 MAC2 下降为 MAC1,由此就节约了 Q2 - Q1 个单位的环境容量。由此,环境容量产权交易通过诱发技术创新或变更生产要素实现了更多的环境容量供给。技术与产权的互动会逐渐增加环境容量资源的供给,扩大资源基础存量,缓解环境容量资源的稀缺压力。

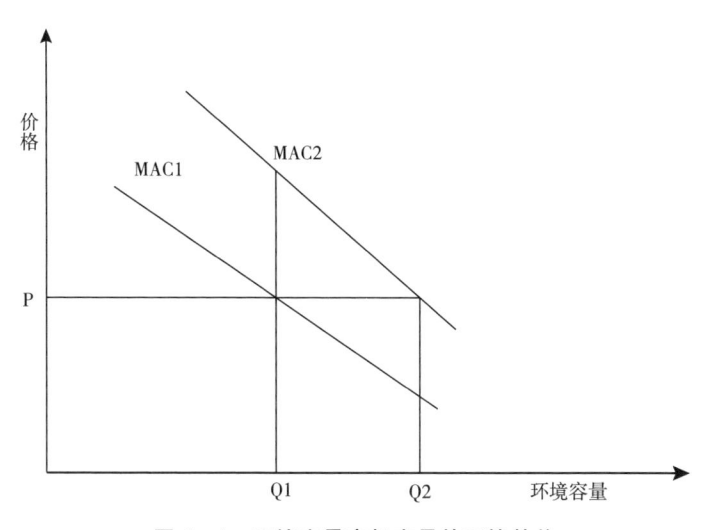

图 4 - 4 环境容量产权交易的环境效益

三 社会效益

环境问题从表面上看是人与自然的关系问题,而本质上是人与人之间的关系问题。污染主体没有为造成的环境污染支付足够的费用,造成私人成本远小于社会成本,不仅将环境污染的恶果转嫁给社会,尤其是污染周边的群体。在这个过程中,污染主体与受污染的群体在环境权益分配与责任承担方面,始终呈现着不平等关系。对环境污染或自然资源的不当或违规开发呈现的不平等现象,可从近年环境群体性事件发生率的快速上升中看出。自 1996 年以来,我国环境群体性事件一直保持年均近 30% 的增速,2012 年,中国环境重大事件比上年增长 120%。高发的环境群体性事件就是严重的污染主体责、权、利不匹配问题。同时，我国区域间的环境不公平现象也很突出，云南是资源大省，基础材料产业比重较大。一方面，大量输出原材料和购进制成品的价格"剪刀差"，使利益流失到发达地区，而遗留下来的生态环境包袱却要由当地群众来承担；另一方面，贫困地区的广大人民群众为维护良好生态环境一直在做无偿的贡献，这种发展环境极不公平。

环境污染中的责任问题一直是环境经济学关注的重要领域。为解决造成环境污染的责任问题，1972年经合组织环境委员会首次提出"污染者付费原则"（Polluter Pays Principle），这项原则很快得到国际社会的认可。我国也在积极改进与探索。在参照"污染者付费原则"的基础上，1979年《环境保护法（试行）》第六条规定了"谁污染，谁治理"原则，1989年《环境保护法》却未在条文中明确表述这一原则，只是通过具体规定贯彻了"污染者付费原则"。1996年国务院颁布的《关于环境保护若干问题的决定》中又重新提出环境责任原则，指出该原则的核心内容是"污染者付费、利用者补偿、开发者保护、破坏者恢复"。然而，目前我国生态补偿机制远未健全，建立环境容量产权交易制度，首先，市场主体从政府得到环境容量的配额，这从源头上保证了市场主体再不能无限制地使用环境容量。其次，如果市场主体需要排放更多的污染物，则它必须支付相应的费用到交易市场上购入多余的环境容量使用权。因此，环境容量产权交易是生态补偿机制的一个重要手段，可以充分发挥市场机制作用，使保护者受益、损害者付费、受益者补偿，能厘清建设和保护生态的责任，量化生态环境的价值及维系生态环境的成本，让破坏者给予赔偿，对受益者做出补偿。通过建立这种机制，可以改变传统无偿使用环境容量资源的状况，减少对环境容量资源的破坏和占用，同时有效增加生态保护和建设资金，弥补生态环境和生态保护者的损失。能统筹兼顾各方利益，有效规范和协调不同利益主体之间的关系，从而有利于环境资源的公平分配和公正利用。

此外，环境容量产权具有较强的政策灵活性，能对外部市场迅速做出反应。由于信息不对称等因素影响，传统的命令—控制型和庇古手段等环境管理政策灵活性较差，环境管理严重滞后。而环境产权交易制度是以行政手段统一推动，以市场机制为主导的产权制度，一方面有助于灵活有效地调控环境质量目标，具体可以通过政府控制市场上的环境容量总量来实现：如果环境容量总量目标设定过于宽松，则政府可以买进环境容量产权，如果环境容量总量目标太紧，则政府可以卖出一定环境容量产权来实现对环境保护与经济发展的兼顾。另一方面，该制度可以对环境容量产权市场做出迅速的反应，形成能反映资源稀缺性和环境成本的价格形成机制，以发挥价格和市场机制配置环境容量资源的作用，形成解决环境问题的长效机制。

产权也属于法学的范畴。市场经济是权利经济，在市场经济条件下，无论是商品交换还是分配和消费，都涉及权利与利益，这就要求法律既确认权利，保障权利，又规定权利主体的资格和权利客体的范围，更要求法律规定人们行使权利的方法、原则和保障权利的程序。① 每个社会都有一套原则指导社会适当地分配利益和负担，这套原则就是正义原则。法首先要促进和保障分配的正义，主要表现为把指导分配的正义原则法律化、制度化，并具体化为权利和义务，实现对资源、社会合作的利益和负担进行权威性的、公正的分配。② 在环境容量资源（即一定时间、空间、水体、海域范围内，环境对废弃物数量和种类的容纳、吸收、承载能力）的分配中，伴随着社会主义市场经济体制的建立，排污者（尤其是商品生产者）呼吁建立一种新型的体现市场经济正义观的环境容量资源分配体制，以更好地兼顾新老排污者、技术进步与落后者、不同所有制不同资产性质（指内资与外资）的排污者、生产企业与普通居民等不同主体之间对环境容量的利益需求，在较高的层次上体现一种分配上的正义。③

---

① 沈宗灵：《法理学》，高等教育出版社，1994。
② 张文显：《法哲学范畴研究》，中国政法大学出版社，2001。
③ 李爱年、胡春冬：《环境容量资源配置和排污权交易法理初探》，《吉首大学学报》（社会科学版）2004 年第 3 期。

第四节　本章小结

第一，在总量控制与环境容量产权交易的环境管理政策中，"总量控制"的作用在于形成有效的环境容量资源市场，并实行初始分配和监控，以确保实现一定的环境质量目标。"环境容量产权交易"则是建立并维护交易市场的运作，通过交易重新分配环境容量资源并实现优化配置。

第二，环境容量产权交易作为一种以市场机制为基础的经济激励政策，与传统的命令—控制型政策及庇古手段相比，具有成本和效用方面的显著优势，应成为依托市场机制解决环境问题的一个有效途径。环境容量产权交易对于污染治理的效用主要体现在：一是由于企业的减排成本有差异，环境容量产权交易有利于企业发挥比较优势，将污染削减发生在边际减排成本低的企业那里，从而使整个社会以较低的成本实现减排。二是环境容量产权交易通过诱发技术创新或变更生产要素实现了更多的环境容量供给，从而扩大资源基础存量，缓解环境容量资源的稀缺压力。三是能统筹兼顾各方利益，有效规范和协调不同利益主体之间的关系，从而有利于环境资源的公平分配和公正利用，从而促进社会公平。

第三，中国已经在一定程度上具备了实施环境容量产权交易的条件，但预期的政策效应能否实现，以及实现程度如何，还取决于具体实施方案的设计，包括如何科学有效地制定总量控制目标，创造良好的交易规则，良好的法律保障等。

第五章

环境容量产权确立与交易的实践进程

第一节 环境容量产权在中国的确立

环境容量概念及其产权的确立是随着人与自然矛盾的出现以及对人与自然关系认识的深化逐步出现和确立的。20世纪中叶，随着环境污染加剧尤其是西方国家环境公害事件屡屡发生，人类的环境意识开始觉醒。美国海洋生物学家蕾切尔·卡逊的著作《寂静的春天》的问世，唤醒了人类对于大自然的关注。1972年，罗马俱乐部出版的《增长的极限》，明确提出了"地球的资源是有限的"的观念，其人类必须要限制增长以避免因超越地球资源极限而导致崩溃的结论，引起了人类的广泛关注及深度忧虑。当年，联合国人类环境会议在瑞典首都斯德哥尔摩召开，这是人类历史上第一次将环境问题纳入世界各国政府和国际政治的议程，会上倡导的人类"只有一个地球"（Only one earth）的观点，蕴含着人类赖以生存环境的有限性理念。1987年，世界环境与发展委员会向联合国大会提交了《我们共同的未来》，提出了"可持续发展"的概念。1992年联合国环境与发展大会通过了《里约环境与发展宣言》和《21世纪议程》两个纲领性文件，进一步强调了要将人类的发展限制在地球允许的范围之内的观念，"可持续发展"得到了世界最广泛和最高级别的政治承诺。1997年，《联合国气候变化框架公约》第三次缔约方大会签署了《京都议定书》，对发达国家温室气体排放进行了总量限制，使得"环境容量"的有限性不仅仅停留在理念上，更是从实际行动上予以了明确。随着全球范围内环境容量概念的从无到有并逐步确立，我国的环境容量已经历了从无到有，并得到逐步确立，大致可以分为三个阶段。

一 孕育阶段 (1972~1992年)

1972年，中国政府组团参加了在瑞典斯德哥尔摩召开的联合国第一次人类环境会议，唤醒了中国对自身环境问题的认识和觉醒。1973年8月召开了第一次全国环境保护会议，并发布了《关于保护和改善环境的若干规定》，这是我国政府发布的第一个环境保护文件，标志着我国的环保事业开始起步。1973年，国家计委、国家建委、卫生部联合颁布了《工业"三废"排放试行标准》，这是我国政府发布的第一个环境标准。1974年10月，国务院环境保护领导小组正式成立，各省、自治区、直辖市也相应成立了环境管理机构和监测机构，在全国逐步开展以"三废"治理和综合利用为主的污染防治工作。1979年，五届全国人大十一次常委会通过《中华人民共和国环境保护法（试行）》，中国的环境保护工作开始走上法制化的道路。1983年12月，在全国第二次环境保护会议上，将环境保护确立为我国的基本国策，1984年5月，国务院发布了《关于环境保护工作的决定》，环境保护被纳入国民经济和社会发展计划。1988年，国家环境保护局成立。1989年，第三次全国环境保护会议召开，提出推行环境管理的环境目标责任制、城市环境综合整治定量考核制、排放污染物许可证制、污染集中控制、限期治理、环境影响评价制度、"三同时"制度、排污收费制度等8项环境管理制度。

这一时期，我国环境保护工作走出了不承认社会主义制度有环境污染的极左思潮，认识到环境污染是经济发展带来的，开始正视环境污染并采取了积极治理行动，在治理工业废物、"三废"综合利用方面取得了一定的成绩，但这一时期的环境管理手段基本都是行政手段，人们并没有意识到环境本身就是一种经济资源，也没有将其作为一种有价值的资源进行管理和使用，环境管理中市场手段的运用基本还处于空白时期。

二 发展阶段（1993~2004年）

1993年10月，我国第二次污染防治工作会议上，提出工业生产要实行清洁生产，工业污染防治实行三个转变：由末端治理向生产全过程控制转变，由浓度控制向浓度与总量控制相结合转变，由分散治理向分散与集中控制相结合转变，这标志着我国工业污染防治工作指导方针发生了新的转变。1994年3月，我国政府制定实施《中国21世纪议程》，确立了可持续发展战略的行动纲领，成为世界上第一个制定和实施21世纪议程的国家。1996年召开了全国第四次环境保护会议，提出"九五"期间对二氧化硫、化学需氧量、工业粉尘等12种污染物进行总量控制。1996年，全国人大通过的《中华人民共和国国民经济和社会发展"九五"计划和2010年远景目标纲要》中，把可持续发展确定为我国两大发展战略之一。2003年十六届三中全会提出了"坚持以人为本，树立全面、协调、可持续的发展观"和"五个统筹"发展要求。

这一阶段，我国可持续发展的思想得到确立，经济社会发展中，追求的是经济效益、社会效益和生态效益的共同推进，环境保护在经济社会发展中的地位更加凸显，开始意识到环境资源的价值和实际价格不一致会造成环境污染，因此，环境管理手段中开始逐步引入市场机制，环境本身作为一种经济资源的理念已经开始萌芽。

三 基本确立阶段（2005~2012年）

随着环境形势的日益严峻，环境容量的概念逐步被正式提出和确立。2005年国务院发布《关于落实科学发展观加强环境保护的决定》提出，"各地区要根据资源禀赋、环境容量、生态状况、人口数量以及国家发展规划和产业政策，明确不同区域的功能定位和发展方向，将区域经济规划和环境保护目标有机结合起来"。2006年温家宝总理在第六次全国环境保护大会上的讲话中指出："维护生态系统平衡，既是环境保护的重要任务，也是扩大环境容量、提高环境承载能力的基本前提。"2008年11月，温家宝总理在《求是》杂志上撰文"关于深入贯彻落实科学发展观的若干重大问题"中提出："在社会主义现代化进程中，必须把经济社会发展与资源节约、环境保护统筹考虑，将资源接续能力、生态环境容量作为经济建设的重要依据，推动经济社会发展与资源节约、环境保护相互协调、相互促进。"2010年，国务院印发《全国主体功能区规划》（以下简称《规划》），《规划》基于区域资源环境承载能力有限的基础上，根据现有开发强度等，将全国划分为优化开发区、重点开发区、限制开发区和禁止开发区。2012年12月，时任国务院副总理的李克强同志在中国环境与发展国际合作委员会2012年年会开幕式上指出："当前，中国生态环境恶化的趋势有所减缓，但资源相对不足、环境容量有限仍是发展的'短板'。"2011年12月20日，李克强副总理在第七次全国环境保护大会讲话中4次提到环境容量，指出："当前，一些地区污染排放严重超过环境容量，突发环境事件高发"，"资源相对不足、环境容量有限，已成为我国国情的基本特征"，"把环境容量和资源承载力作为发展的基本前提"，"不同地区经济发展水平、资源禀赋、环境容量和生态状况都有很大差异"。党的十八届三中全会重点研究全面深化改革问题，之后发布的《中共中央关于全面深化改革若干重大问题的决定》提出："实行资源有偿使用制度和生态补偿制度。加快自然资源及其产品价格改革，全面反映市场供求、资源稀缺程度、生态环境损害成本和修复效益"，"发展环保市场，推行节能量、碳排放权、排污权、水权交易制度，建立吸引社会资本投入生态环境保护的市场化机制，推行环境污染第三方治理"。

由此可以看出，这一阶段，从环保理念上来讲，我国已经逐步走出了环境无价的传统观念，逐步认识到环境是一种资源，而且环境资源的供给也是有限的观念，环境容量的概念逐步开始在我国确立。我国环境管理的政策也更加注重经济手段的运用。

四 全面确立阶段 （党的十八大以来）

党的十八大以来，以习近平同志为核心的党中央领导全党全国人民大力推动生态文明建设的理论创新、实践创新和制度创新，开创了社会主义生态文明建设的新时代。生态文明建设的战略地位、污染治理力度、生态文明制度出台的频率以及监管执法的严格程度前所未有。在此背景下，构建以生态系统良性循环和环境风险有效防控为重点的生态安全体系成为生态文明建设的重要内容，并通过划定生态保护红线的方式，推进人类在遵循自然规律的基础上开发利用大自然，确保将人类活动控制在资源承载能力和环境容量之内，让大自然休养生息，确保实现生态安全、环境安全、资源安全、能源安全。

"环境容量"理念的全面确立体现在牢固树立生态红线及生态安全底线中。生态保护红线是我国环境保护的重要制度创新，是指在自然生态服务功能、环境质量安全、自然资源利用等方面，实行严格保护的空间边界与管理限值，以维护国家和区域生态安全及经济社会可持续发展。"生态保护红线"是继"18亿亩耕地红线"后，另一条被提到国家层面的"生命线"。当前我国环境污染严重，划定并严守生态保护红线，将环境污染控制、环境质量改善和环境风险防范有机衔接起来，按照生态系统完整性原则和主体功能区定位，引导人口分布、经济布局与资源环境承载能力相适应，促进各类资源集约节约利用，从源头上扭转生态环境恶化的趋势，理顺保护与发展的关系，改善和提高生态系统服务功能，才能构建结构完整、功能稳定的生态安全格局，维护国家生态安全。

2012年3月，环境保护部组织召开全国生态红线划定技术研讨会，对生态红线的概念、内涵、划定技术与方法进行了深入研讨和交流，并对全国生态红线划定工作进行了总体部署。2012年10月，初步制定生态红线划定技术方法，形成《全国生态红线划定技术指南（初稿）》，并于当年年底确定内蒙古、江西为红线划定试点，随后，湖北和广西也被列为红线划定试点。2014年1月，环保部印发了《国家生态保护红线——生态功能基线划定技术指南（试行）》，成为中国首个生态保护红线划定的纲领性技术指导文件，将内蒙古、江西、湖北、广西等地列为生态红线划定试点。

2013年5月24日，习近平在主持中共中央政治局就大力推进生态文明建设进行第六次集体学习时就指出："要牢固树立生态红线的观念。在生态环境保护问题上，就是要不能越雷池一步，否则就应该受到惩罚。"

生态保护红线目前仍处于不断探索的阶段，对生态保护红线的理解和划分方法还没有形成统一的标准体系。国家和省域生态红线划分已有一定基础，江苏省率先在全国制定出台省级生态红线区域保护规划，划出15种类型生态红线区域，出台补偿政策和管控制度。天津市出台《生态用地保护红线划定方案》，明确红线区内禁止一切与保护无关建设活动，黄线区内从事各项建设活动必须经市政府审查同意。城市生态保护红线的划分与管理已经有不少有益的探索，如深圳、东莞、无锡、武汉、广州、天津等城市已经在编制城市规划过程中陆续划定城市生态红线。

2015年5月，环保部印发了《生态保护红线划定技术指南》（环发〔2015〕56号），指导全国生态保护红线划定工作。中央深改组第14次会议上明确提出要落实严守资源消耗上限、环境质量底线、生态保护红线的要求。2015年11月，环保部印发了《关于开展生态保护红线管控试点工作的通知》（环办函〔2015〕1850号），选择江苏、海南、湖北、重庆和沈阳开展生态保护红线管控试点，指导试点地区在生态保护红线区环境准入、绩效考核、生态补偿和监管等方面进行探索。2016年，环保部印发《"十三五"环境影响评价改革实施方案》，明确提出要以生态保护红线、环境质量底线、资源利用上线和环境准入负面清单即"三线一单"制度为手段，强化空间、总量、准入环境管理。国务院印发的《"十三五"生态环境保护规划》明确提出要制定"三线一单"的技术规范，强化"多规合一"的生态环境支持。2017年7月，环境保护部办公厅、国家发展改革委办公厅共同印发《生态保护红线划定指南》（环办生态〔2017〕48号）。

2017年2月7日，中共中央办公厅、国务院办公厅发布《关于划定并严守生态保护红线的若干意见》。《意见》指出，2017年年底前，京津冀区域、长江经济带沿线各省（直辖市）划定生态保护红线；2018年年底前，其他省（自治区、直辖市）划定生态保护红线；2020年年底前，全面完成全国生态保护红线划定，勘界定标，基本建立生态保护红线制度，国土生态空间得到优化和有效保护，生态功能保持稳定，国家生态安全格局更加完善。到2030年，生态保护红线布局进一步优化，生态保护红线制度有效实施，生态功能显著提升，国家生态安全得到全面保障。目前15个省份生态保护红线划定工作已经结束，剩下的16个省份生态保护红线划定方案待国务院批准后由省级人民政府对外发布。据估计，全国生态保护红线面积比例将达到或超过占国土面积25%左右的目标。

环境容量概念的确立，对于我国可持续发展具有重大理论意义和现实意义。它将环境提供的生态服务功能这一重要资源作为生产要素划入人类的经济系统中，改变了"环境无价，环境是自由取用品"的传统观念，让人们树立起环境容量是一种经济发展不可或缺的经济资源，环境容量是稀缺的，有价值的理念。从对市场主体的影响来看，过去环境没有进入企业的成本中，造成企业的边际私人成本和边际社会成本不一致，导致了环境外部性的出现，确立环境容量的概念，使得环境容量能够进入企业的生产成本函数中，有助于环境容量资源的优化配置。从环境管理手段来说，传统上认为环境是免费取用的公共产品，因此，环境管理以政府的行政手段为主，确立环境容量资源概念，有助于充分发挥市场机制作用，促进环境容量资源的优化配置。从转变发展方式上来说，传统的发展方式只注重单纯的物质增长，忽略了环境的恶化，而确立环境容量资源及产权交易概念，有助于实现经济、社会与环境的协调可持续发展。因此，环境容量及产权概念的确立，不仅为可持续发展提供了理论基础，更提供了具体的方法和路径，其作用机理参见图5-1。

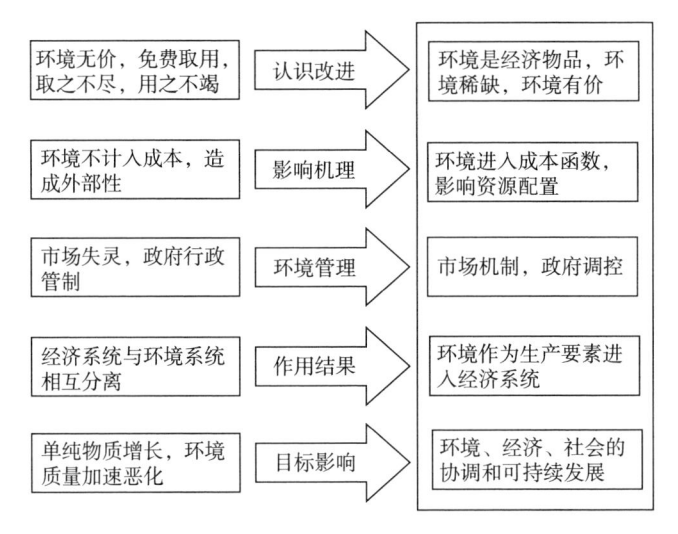

图 5-1　确立环境容量产权对于环境管理的意义和作用机理

第二节　环境容量产权交易的实践进展

作为一种环境容量资源配置的制度手段，总量控制与排污权交易制度已经在全球范围内得到广泛的尝试和应用，在渔业管理、空气污染控制、水污染控制、水资源管理等多个不同的领域都有许多成功的经验和例子。1999 年 OECD 的一项调查显示，利用在空气污染方面的有 9 个，在渔业资源管理方面的有 75 个，在水资源分配上的有 3 个，在土地开发方面的有 5 个案例。[①] 这里主要探讨的是污染控制领域，而且环境容量产权交易应用较多且成功的案例主要集中在污染控制领域，尤其是在空气污染控制领域。

一　排污权交易

1. 排污权交易的概念

排污权，也称为"排放权""排污许可"，顾名思义，是指向环境中排

---

① 转引自汪新波《环境容量产权解释》，首都经济贸易大学出版社，2010，第 6 页。

放污染物即使用环境容量资源的权利。排污权有偿使用和交易是在环境质量达标即污染物排放总量控制的基础上，利用市场机制，允许排污权益像商品那样被买入和卖出，以此来进行污染物的排放控制，从而达到减少排放量、保护环境的目的。目前，市场化的产权交易已成为国际节能减排的主流方式，而我国排污权有偿使用和交易刚起步。吴艳辉等认为，排污权交易是指在对污染物排放总量进行控制的前提下，利用市场规律及环境资源的特有性质，由环境保护部门评估某地区的环境容量，然后根据排放总量控制目标将其分解为若干规定的排放量，即排污权。各个持有排污权的单位在有关政策、法规的约束下进行排污权的有偿转让或变更活动。通过污染者之间交易排污权，实现低成本污染治理。① 李爱年、胡春冬认为，排污权交易是为了控制一定地区在一定期限内的污染物排放总量，充分有效地使用该地区的环境容量资源，鼓励企业通过技术进步治理污染和企业间相互购销排污许可，提高治理污染费用的效率，最大限度地节约防止污染费用的一种以市场为基础，以政府有偿分配排污指标为前提的经济政策和市场调节手段。② 宋晓丹认为，排污权就是通过确定排污总量，并在总量控制下确定许可，排除无形产权障碍，实现交易的。③

由上可知，排污权是环境容量使用权的一种形式。排污权交易是在一定的制度条件下，将"排污权"或"环境容量使用权"像商品一样买卖。目前，排污权交易也被称为排放交易（Emission Trading）、可交易许可证（Tradable Permits）、排污许可交易（Allowance Trading）、可转让许可证（Transferable Permits）、"买卖许可证"制度、排污许可交易、可交易的排污权、排放配额交易、排放贸易等。国内以"排污权交易"和"排污交易"两种提法为主。④ 由于环境容量资源的特殊性，排污权不同于一般市

---

① 吴艳辉等：《论排污权交易的政府行为对策》，《中国环保产业》2008 年第 3 期。
② 李爱年、胡春冬：《环境容量资源配置和排污权交易法理初探》，《吉首大学学报》（社会科学版）2004 年第 3 期。
③ 宋晓丹：《排污权交易制度公平之思考》，《理论月刊》2010 年第 9 期。
④ 严刚、王金南编著《中国的排污交易实践与案例》，中国环境科学出版社，2011。

场上的商品，而有以下几个前提：一是总量控制及政府设定区域环境质量目标是前提条件；二是环境容量产权实际是一种排污许可，由环境管理部门将环境容量通过有偿或无偿的方式分配给市场主体；三是市场主体根据自己利益，将按政府或有关环境管理机构的规定，或进行污染物排放，或将节余的排污权利拿到市场上进行有偿转让与交换。

排污权交易的思想源于科斯对社会成本问题的精辟论述，其基本出发点是污染与被污染都有"交互"的性质，即污染会产生社会成本，但禁止污染同样会产生社会成本。排污权的理论最早是由美国经济学家戴尔斯于1968年提出来的，他在著作《污染、产权与价格》中，明确了初始的排污权并赋予其可交易性以解决环境污染问题的思想，根据其理论，环境容量是一种商品，政府是环境容量商品的所有者，可以把污染物细分成标准化的单位，让排污主体以一定的价格购买其排放权利，如果环境污染的受害者遭受了或预期将要遭受到高于污染权价格的损害，为防止污染，受害者可以购买这些权利，从而改变这种供需关系，市场中的环境容量资源达到最优配置状态。排污权交易的最初要求是工厂使用"最佳使用技术"和"最佳可行技术"来控制污染物的排放。由于这种技术性的规定在执行中成本过高，法律规定难以贯彻，故而产生了总量控制下可对个别污染口灵活调整的变通性想法。①

这种环境管理思想最早被美国国家环境保护局用于治理大气污染源及河流污染，随后，澳大利亚、英国、德国等发达国家都开展了排污权交易的实践。1975年，美国开始尝试将排污权交易用于治理大气污染，1982年逐步形成排污交易的政策雏形。1986年，美国国家环境保护局发表了"排污权交易政策总结报告"，阐述了排污权交易政策的一般原则。1990年，美国政府颁布了《清洁空气法》修正案并实施酸雨控制计划，并于1995年开始执行，成为世界上第一个控制空气污染的国家"限额与交易"或

---

① 吴艳辉、刘志锋、王恩宁：《论排污权交易的政府行为对策》，《中国环保产业》2008年第3期。

者"总量控制与排污交易"计划①。该计划产生了巨大的环境效益和经济效益,二氧化硫实际减排量比要求量还降低35%左右,同时削减费用大大低于预期值,而美国全国的电力产量和经济总量在1995～1996年都达到了较高的水平。排污权交易制度在美国的实行取得了很大的成就,有统计数据表明,通过建立排污权交易制度美国大约节省了100亿美元的环保支出。

2. 中国排污权交易的实践及进展

自美国等发达国家排污权交易在污染控制方面取得巨大成功后,我国也逐步将排污权制度作为一项重要的环境管理手段逐步推广。我国排污权交易大体可以分为三个阶段。

(1)起步尝试阶段(20世纪80年代中期至1995年)

我国的排污权交易首先产生于水污染控制的领域。①1985年上海市颁布了《上海市黄浦江上游水源保护条例》,确定了在黄浦江上游水源保护区实行总量控制和排污许可证制度。1987年,上海市闵行区开展企业之间的水污染物排放指标有偿转让和交易的实践,60多组排污指标进行了有偿转让。1988年3月20日,国家环保局颁布了《水污染物排放许可证管理暂行办法》,规定:"水污染物排放总量控制指标,可以在本地区的排污单位之间互相调剂",确定了排污指标可以交易。1992年,国家环保局制定了《关于进一步推动排放大气污染物许可证制度试点工作的几点意见》。1990年至1994年,国家环保局在16个重点城市(上海、天津、广州、沈阳、太原、贵阳、柳州、重庆、宜昌、吉林、常州、包头、徐州、牡丹江、平顶山、开远)进行了大气污染物排放许可证制度的试点,并选择了包头、开远、太原、柳州、平顶山等城市进行大气排污权交易试点,1993年在这6个重点城市进行SO_2和烟尘的排污权交易,积累了初步的经验。开远市在排污权交易过程中,总结出了一些较好的经验和做法。例如,明确了排污权交易总量的原则,在确保大气环境质量不继续下降的前提下,多

---

① 吴艳辉等:《论排污权交易的政府行为对策》,《中国环保产业》2008年第3期。

削减 20%，而在环境质量达标的地区，要在确保大气质量的前提下，考虑其他不利因素，多削减 10%。1993 年云南省开远市颁布实施《开远市大气污染物排放许可证管理暂行办法》，明确规定了排污权交易的范围、做法和原则。随后，开原市环保局出台了《开远市大气总量收费管理暂行办法》和《开远市大气排污交易管理办法》，在辖区内对 SO_2、粉尘、烟尘实施了总量收费和排污交易，使开远市实施许可证制度的法律依据逐渐完善。

总的来看，在环保部门的推动下，这一阶段排污交易相关政策和实践从无到有，主要集中在大气污染物排污交易方面进行初步试点尝试，为后续排污交易试点探索奠定了基础。

（2）试点探索阶段（1995 年至 2005 年）

1996 年，国务院批复同意国家环保局提出的《"九五"期间全国主要污染物排放总量控制计划》，正式把污染物排放总量控制列为"九五"期间我国环境保护的管理目标。8 月，国务院正式颁布了《关于环境保护若干问题的决定》，正式对 SO_2、烟尘等 12 种主要污染物实施排放总量控制计划。1998 年 1 月，《国务院关于酸雨控制区和二氧化硫污染控制区有关问题的批复》发布，1998 年 4 月，国家环境保护局会同国家计委、财政部、国家经贸委共同发布了《关于在酸雨控制区和二氧化硫污染控制区开展征收二氧化硫排污费扩大试点的通知》，明确了两控区的具体范围。这些为中国实施排污权交易提供了基本条件。

"十五"期间，我国的环境管理手段逐步转移到实施主要污染物总量控制上来，国家环保总局确立通过实施排污许可证制度促进总量控制工作，通过排污权交易试点完善总量控制工作的环保思路。

1999 年 4 月，朱镕基总理访问美国期间，与美国政府就环境保护领域的合作达成了"一揽子"协议，国家环保总局与美国环保局签署了"关于在我国运用市场机制减少二氧化硫排放的可行性研究"的合作协议，并先后在江苏、山东、浙江、山西开展了电力行业的 SO_2 排污交易试点研究。2000 年第九届全国人大通过的《大气污染防治法》，为国家污染控制战略实现由浓度控制向总量控制转变提供法律保障，为排污许可证制度赋予相应的法律地位。

2001年9月，亚洲开发银行和陕西省政府共同启动了"SO_2排污权交易机制"项目，该项目由美国未来资源研究所和中国环境科学院共同执行。该项目以太原为实施的案例城市，太原的26家大型企业参与示范。该项目明确针对一种单一的污染物即SO_2，并在国内首次制订了相对完整的SO_2排放许可交易方案，包括5年内的排污权分配方案、交易程序、企业配额的跟踪和核查、企业排放的监测申报、罚款等，项目建立了较为完善的排污权交易的全套管理文件。由于有多家企业参与，该项目尝试了建立小型排污权交易市场的可行性，项目的进展为中国排污权交易实践提供了一个具有代表性和重要意义的案例。2002年，山西省太原市颁布实施了《太原市二氧化硫排放交易管理办法》。2002年3月1日，国家环保总局下发了《关于开展"推动中国二氧化硫排放总量控制及排污交易政策实施的研究项目"示范工作的通知》，在山西、江苏、山东、河南、上海、天津、广西柳州市共7省市，开展了SO_2排放总量控制及排污权交易试点工作。在这些项目的推动下，多项排污权交易得以实施，为我国排污权交易制度的推行积累了重要经验。

除了SO_2排污权交易试点工作之外，我国还积极探索水污染排放权交易的试点。2001年，浙江省嘉兴市秀洲区出台《水污染物排放总量控制和排污权交易暂行办法》，确立了水污染排放权的有偿使用和分配。2002年，江苏省经贸委和环保厅联合颁布实施了《江苏省二氧化硫排污权交易管理暂行办法》，《办法》规定从2002年10月1日起，在江苏省全省范围内全面推行SO_2排污权交易，SO_2排污权交易必须经江苏省级环保部门认定和批准，江苏省县级以上环保部门依法对SO_2排放总量和排污权交易的行为实施统一监管。2004年，江苏省环境保护委员会也下发了《江苏省水污染物排污权有偿分配和交易试点研究工作方案的通知》。但总的来说，与大气污染物SO_2排污权交易相比，水污染物排污权交易的试点工作力度及成效都不那么明显。

总的来说，通过积极探索，这一阶段形成了几个在全国范围影响较大的排污权交易案例，为以后我国排污权交易做了良好的铺垫和经验积累。但形成的交易案例大都是政府部门"拉郎配"，排污权有偿取得和排污交易市场并未形成。

（3）试点深化阶段（2005年至今）

随着国家环境管理手段逐步从传统的命令—控制型手段到综合运用行政、市场经济手段的转变，各级政府在环境管理中愈加重视发挥市场机制在环境资源配置中的作用，排污权交易由此也逐步得到更多的推广和应用。

2005年，国务院下发了《关于落实科学发展观加强环境保护的决定》提出，"有条件的地区可实行二氧化硫等排污权交易"。2009年，我国政府工作报告明确提出："加快建立健全矿产资源有偿使用和生态补偿机制，积极开展排污权交易试点"；2010年我国政府工作报告，进一步将扩大排污权交易试点作为重点工作任务。自2007年我国开展排污权交易试点工作以来，国家已批准天津、江苏、内蒙古、浙江、湖北、湖南、山西、重庆、河北、陕西10个省份开展排污权有偿使用和交易试点。党的十八大报告指出"加强生态文明制度建设，深化资源性产品价格和税费改革，建立反映市场供求和资源稀缺程度、体现生态价值和代际补偿的资源有偿使用制度和生态补偿制度"。《中共中央关于全面深化改革若干重大问题的决定》提出"实行资源有偿使用制度和生态补偿制度"，"推行节能量、碳排放权、排污权、水权交易制度，建立吸引社会资本投入生态环境保护的市场化机制"。《国民经济和社会发展"十二五"规划纲要》明确提出，建立健全排污权有偿使用和交易制度，发展排污权交易市场，规范排污权交易价格行为。2014年11月，《国务院关于创新重点领域投融资机制鼓励社会投资的指导意见》（国发〔2014〕60号）提出："推进排污权有偿使用和交易试点，建立排污权有偿使用制度，规范排污权交易市场，鼓励社会资本参与污染减排和排污权交易。"

在这个阶段中，我国在更大范围内开展了排污权交易的试点示范工作，为排污权交易走向制度化并在全国范围内推行积累了良好经验。并将推广实施排污交易制度，进一步完善总量控制制度，构建节能减排的长效机制作为我国环境管理的核心内容。

在排污权交易实践上，2008年6月，江苏省对太湖流域的苏州市、常州市、无锡市以及丹阳市等区域开展水污染物排污权交易试点，按照"先初始有偿分配使用，后推行排污权交易"的原则，先建立起了排污权交易的一级市场，在此基础上再建立起二级市场，以全面推行排污权交易。2008年8月5日，我国第一家国家级环境权益交易平台——北京环境交易所在北京金融街正式挂牌。它是由北京市人民政府批准设立的特许经营实体，是由北京产权交易所等机构发起的公司制环境权益交易机构。该交易所的业务范畴，主要是在节能减排和环保技术交流、节能量指标交易、二氧化硫、COD（化学需氧量）等排污权交易以及温室气体减排量的信息服务平台建设方面发挥作用。在北京环境交易所成立的当天，上海环境能源交易所也在上海正式成立。它是由上海市人民政府批准设立并得到国家发改委、环保部等部门支持的环境能源权益交易市场平台，是集环境能源领域的物权、债权、知识产权等权益交易服务为一体的专业化权益性资本市场服务平台，主要从事组织节能减排、环境保护与能源领域中的各类技术产权、减排权益等综合性交易。上海环境能源交易所在成立不到两个月内，累计成交金额达2亿元。①

继北京环境交易所和上海环境能源交易所成立后，天津排放权交易所也于2008年9月成立，该交易所是财政部、环境保护部批准的污染物排放权交易综合试点单位，主要致力于SO_2、COD等污染物排放权的交易，同时也积极探索污染物跨省交易。2008年12月24日，全国第一笔基于互联网的二氧化硫排放权指标电子竞价交易在该所成功交易。天津滨海创投投资管理有限公司、天津天士力集团等7家单位参与了数量为50吨，保留价格为2000元每吨的二氧化硫排污权指标的竞价，最后，天津弘鹏有限公司以3100元每吨的价格竞购成功。

随后，2008 年 11 月，湖南省长沙市环境资源交易所成立，并成为最早以拍卖方式配置排污权的机构。①拍卖的是 52 吨化学需氧量和 261.39 吨二氧化硫排污权指标，在参拍的十余家企业中，九芝堂股份公司以 1000 元每吨的价格获得 61.39 吨二氧化硫排污权，华电长沙发电有限公司以 1100 元每吨的价格拍得 200 吨二氧化硫排放权；长沙矿冶研究院以 2240 元每吨的价格拍到了 52 吨化学需氧量的排放权。

2009 年 8 月，昆明环境能源交易所正式挂牌成立，成为中国西南地区首个拥有新型能源技术交易平台和按国际惯例进行排污权交易的城市。此外，其他地方排污交易管理平台也逐步建立和完善，为排污权交易政策的推行起到了积极作用。

排污交易在该阶段明显呈现出国家日益重视、地方自发探索、上下对接强化、探索交易模式多样、交易标的物日益宽泛、政策空间层次不断扩展（涵盖国家、流域、区域、地区四个层次）、地方法规政策文件出台频率加大、科研合作重点考虑、开始出现排污权交易经营公司等特点。

我国排污权有偿使用与交易制度于 2007 年开始试点，经过多年的实践，我国排污权交易取得了较为明显的成果，完成了多项排污权交易。2014 年国务院在浙江、江苏、天津、河北、内蒙古、湖北、湖南、陕西、重庆、山西和河南共 11 个省（区、市）开展排污权有偿使用和交易试点，共安排 5.22 亿元资金支持试点地区加强污染物排放监测监管及交易平台建设，这些地区或专门出台了相关政策文件或者在相关地方法规中设置有关排污交易的条款。据不完全统计，试点省（市）累计拍卖排污权收入约 30 亿元，全部用于污染物治理投入等，在多元化完善生态文明投入机制、促进节能减排、环境保护方面发挥了积极作用。除此之外，还有上海、山东、广东、贵州、辽宁、黑龙江、四川等 10 余个省份也积极自主开展排污权有偿使用和交易探索，取得了良好的效果。然而，我国完善成熟的排污权市场还远未建立，从区域上来看，跨省、跨地区进行的排污权交易还没有，仍面临许多问题。据调查研究，目前，我国所有的排污交易试点都是在当地环保局的协调下完成的,没有真正形成完善的排污权交易市场。[①]要使排污权交易理论与中国国情相结合,发挥该政策机制的效果,不仅需要较长的磨合时期,更需要与改革进程中各种社会要素的发展方向与进程紧密关联。

建立排污权有偿使用和交易制度,是我国环境资源领域一项重大的、基础性的机制创新和制度改革,是我国《生态文明体制改革总体方案》中的重要内容,对于我国推进污染治理与生态文明建设具有重要意义。

一是有利于运用市场经济手段以较小的成本促进污染减排,协调经济发展和环境保护的关系。排污权有偿使用和交易是在环境质量达标即污染物排放总量控制的基础上,利用市场机制,允许排污权益像商品那样被买入和卖出,以此来进行污染物的排放控制,从而达到减少排放量、保护环境的目的。目前,市场化的产权交易已成为国际节能减排的主流方式,而我国排污权有偿使用和交易刚起步。但是,我国要到2030年前后才能基本完成工业化和城镇化,人口总量和能源消耗也将达到峰值,因而未来几年,资源消耗与污染物排放压力仍然较大,发展与保护的矛盾突出。加快建立排污权有偿使用和交易制度,在污染源治理存在成本差异的情况下,排污权交易能让污染者为追求盈利而降低治理成本,既能以较小的成本实现主要污染物排放的有效治理,又能通过总量控制有效保证区域经济发展不对环境造成增量污染,实现区域经济发展和环境保护的协调统一。

二是有利于促进技术进步,形成清洁生产、绿色经济新格局。在排污权交易制度下,因为富余指标可以出售变现,能让排污企业有主动治理污染的动力,能不断激发排污企业通过技术创新或变更生产要素,实现节能减排;对于治污企业来说,排污权交易将会为其提供更大的生存发展空间,新的第三方治理模式可以顺利推行。因此,建立排污权有偿使用和交易制度,将会使污染治理新技术大有用武之地,企业的技术创新有较大动

[①] 蒋洪强、王金南:《关于排污权的一级市场和二级市场问题》,《电力环境保护》2007年第2期。

力,从而实现通过诱发技术进步促进传统产业改造升级和促进节能环保产业的发展,进而促进经济发展方式转变,推动形成绿色经济发展的新格局。

三是有利于深化我国生态文明制度改革。我国全面深化生态文明体制改革要求实行资源有偿使用制度。探索并推行排污权有偿使用和交易,是生态文明制度建设的核心制度,是解决我国各重点产业部门环境保护与经济发展之间矛盾的有效手段。国务院办公厅 2014 年下发的《关于进一步推进排污权有偿使用和交易试点工作的指导意见》(国办发〔2014〕38号)以及《关于印发排污权出让收入管理暂行办法的通知》(财政部、国家发展改革委、环境保护部 2015 年印发)等重要文件,提出了"完善排污权交易制度,扩大涵盖的污染物和排污单位范围",并把排污权交易制度建设纳入了生态文明体制改革的"改革要点和改革台账"。拥有排污权的企业在排污权交易市场上出售或购买排污权配额,排污权交易作用于企业运行的整个生命周期,范围广、时间长,为企业实现减排目标提供了一种灵活机制,是排污许可证制度及污染减排等制度完善和延伸落实的有力支撑。在我国重点行业部门实现排污权交易,通过市场化手段控制污染物排放总量,对实现环境容量的优化配置具有迫切的现实意义。

我国排污权有偿使用与交易制度目前取得了一定进展,为全面推行排污权有偿使用和交易制度奠定了基础。然而我国排污权有偿使用和交易总体发展还比较滞后,必须以构建排污权有偿使用和交易机制为突破口,加快形成能够反映环境容量资源稀缺程度、供求关系和污染治理成本的排污权价格体系,建立政府主导的一级交易市场,逐步推进排污权通过市场交易方式取得,培育市场主导的二级交易市场,完善环境资源价格形成机制,充分发挥市场配置资源的基础性作用,强化激励和约束机制,优化资源配置结构,提高资源配置效率,促进污染减排和环境质量改善,为我国生态文明和美丽中国建设提供有力支撑。

二 碳排放权交易

近年来，不少学者又在探讨建立国际排污许可交易体系，以期控制温室效应和遏止臭氧层的破坏，国际上也开展了建立环境交易市场的实践。在应对全球气候变暖的背景下，1997年12月，《联合国气候变化框架公约》缔约方第三次会议在日本京都召开，各国通过了旨在限制发达国家温室气体排放量以抑制全球变暖的《京都议定书》，规定在2008～2012年的第一个承诺期内，工业发达国家必须将二氧化碳和其他温室气体排放总量在1990的基础上削减5.2%，并根据"共同但有区别的责任"制定了国际上通用的3种二氧化碳排放权交易方式，即联合履约机制、清洁发展机制及碳排放贸易机制，其中发达国家之间的排放权交易主要采取联合履约和碳排放贸易两种方式，清洁发展机制则通过发达国家与发展中国家之间的合作，在发展中国家实施减排，然后发达国家通过购买认证后的减排量，来履行减排义务。我国的碳排放交易主要集中在清洁发展机制和林业碳汇方面。

1. 清洁发展机制

清洁发展机制（Clean Development Mechanism）是指在《京都议定书》框架下，发达国家通过提供资金和技术等方式与发展中国家开展项目合作，在交通、工业和能源领域实施提高能源利用效率和开发清洁能源的减排项目，或开展有关土地利用变化、林业和农业等方面活动的碳汇项目。其中，造林和再造林碳汇项目清洁发展机制（CDM）下的发达国家和发展中国家共同应对气候变化的一种常用方式。

自《京都议定书》于2005年2月16日正式生效后，国际碳交易市场发展迅速。世界银行的数据显示，2005～2007年3年间，全球碳交易总额分别为110亿美元、280亿美元和640亿美元。可以看出，2006年全球碳交易总额是2005年的2.5倍，2007年的交易总额又在2006年的基础上翻了一番。

1996~2000年，大部分碳交易主要发生在发达国家之间，采取的方式主要是联合履约模式或碳排放贸易模式，但2000年以后，碳交易主要发生在发达国家与发展中国家之间，主要的交易方式是采用清洁发展机制。

根据世界银行的数据，2006年之前，印度一直处于清洁发展机制市场供应项目最多的国家。2005年年底，印度清洁发展机制项目的预期年减排量占全球总份额的25%以上，签发CERS则占全球签发总量的46%以上。2006年以后，中国的CDM项目异军突起，迅速超过印度占据首位。根据国家发展改革委及清洁发展机制提供的数据，截至2016年8月23日，国家发展改革委批准的全部CDM项目共有5074项，估计年减排量达到7.8亿吨二氧化碳当量。按区域来分，四川省、云南省、内蒙古三省（自治区）CDM项目数最多；按减排类型来分，新能源和可再生能源、节能和提高能效、造林和再造林项目占了CDM项目总数的95%以上。参见表5-1和图5-2所示。

表5-1　CDM批准项目数按省区市分布

省区市	项目数	省区市	项目数	省区市	项目数	省区市	项目数
四川省	565	云南省	483	内蒙古自治区	381	甘肃省	269
河北省	258	山东省	249	新疆维吾尔自治区	201	湖南省	200
山西省	187	贵州省	175	河南省	174	宁夏回族自治区	162
辽宁省	158	吉林省	155	黑龙江省	141	湖北省	136
江苏省	131	广西壮族自治区	128	广东省	125	福建省	123
陕西省	122	浙江省	121	安徽省	96	江西省	85
重庆市	80	青海省	72	北京市	29	上海市	25
海南省	25	天津市	18	西藏自治区	0	合计	5074

资料来源：http://cdm.ccchina.org.cn/NewItemTable1.aspx。

2. 林业碳汇补偿机制

碳汇，是指陆地生态系统吸收并储存二氧化碳从而减少其气体在大气

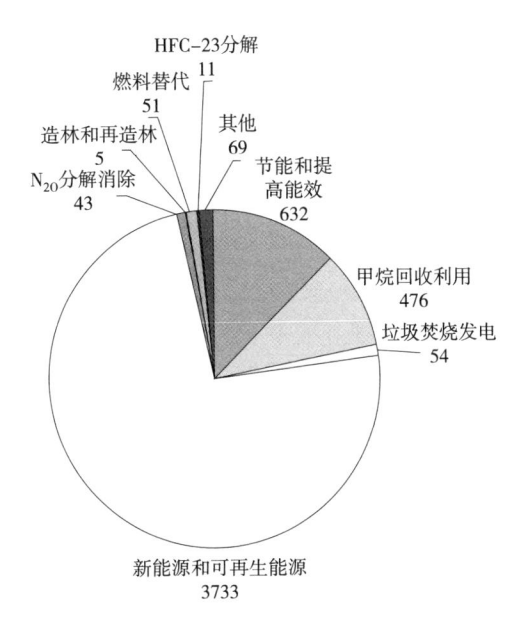

图 5-2 批准项目数按减排类型分布

资料来源：http://cdm.ccchina.org.cn/NewItemTable1.aspx。

中的浓度的过程、活动和机制的总和。相关资料显示，在陆地生态系统二氧化碳总储量中，森林约占 39%，草原约占 34%，农耕地约占 17%。与碳汇相对应的是碳源，是指向大气中释放二氧化碳的过程、活动或机制。自 1750 年开始的工业革命以来，人类大量使用煤炭、石油和天然气等化石燃料，排放了大量的温室气体，再加上大面积砍伐森林和破坏草原，加剧了全球变暖的进程。政府间气候变化专门委员会 2007 年发布的第四次评估报告显示，过去 100 年里，全球地表平均温度升高了 0.74°C，海平面升高了 0.17 米。报告预测，按目前情况发展，到 21 世纪末，全球地表温度将升高 1.1°C ~ 6.4°C，海平面或升高 0.18 ~ 0.59 米，高温、热浪以及强降水频率将增加。该报告同时也指出全球气候变暖 90% ~ 95% 可能是由人类向大气中排放大量温室气体所造成的，如大规模使用化石燃料和毁林等。二氧化碳的增温效应占所有温室气体增温效应的 63%。经济发展与气候变暖的关系引起了国际社会的广泛关注，碳汇经济已经成为可持续发展的一项重要探索。研究表明，森林每产生 1 立方米的生物量，平均可吸收 1.83

吨二氧化碳，释放出 1.62 吨的氧气，具有较强的碳汇功能。因此通过保护森林，实施造林和再造林可以增加森林的碳汇，发展碳汇经济，在减缓全球气候变暖趋势中具有非常重要的作用，是顺应全球绿色经济、低碳经济转型的战略需求。

森林具有很强的碳汇功能，是改善全球气候变暖的主体。随着大气中温室气体含量不断增加，全球气温开始上升，生态环境遭到破坏，自然灾害频繁发生。在此背景下，增加森林碳汇就显得十分迫切。有研究表明，自 1880 年以来，全球平均气温上升了 0.8℃。全球性的这种气候变化，对人类生产、生活以及未来发展都造成了前所未有的巨大影响。解决问题的关键是减少温室气体在大气中的积累，通常有两种方式：一是减少温室气体的排放（源）；二是增加温室气体的吸收（汇）。

1992 年 6 月，联合国环境与发展大会在巴西里约热内卢召开，会议签署了《联合国气候变化框架公约》，成为第一个为全面控制二氧化碳等温室气体排放，以应对全球气候变化给人类经济社会带来不利影响的国际公约，也成为国际社会开展国际合作应对全球气候变化的一个基本框架。1997 年 12 月，联合国政府间气候变化委员会第三次缔约方大会在日本京都召开，会议通过了具有历史意义的《京都议定书》，规定发达国家通过联合履约、排放贸易和清洁发展机制等方式，将二氧化碳等 6 种温室气体排放量进行削减，目的在 2008~2012 年第一承诺期内，把这些温室气体的全部排放量在 1990 年的基础上至少减少 5%。

从 1992 年开始相继通过了《联合国气候变化框架公约》《京都议定书》等，规定了发达国家必须采取减限排措施控制二氧化碳等温室气体的排放，共同承担减缓气候变暖的责任，强调森林碳汇对减缓气候变暖的贡献。在清洁发展机制下，发达国家可以在本国以外取得减排的抵销额，从而以较低成本通过"境外减排"缓解其国内减排压力，同时又帮助发展中国家实现可持续发展。因此许多发达国家和发展中国家借此机会迅速开展了相关的林业碳汇项目，碳汇交易快速、稳步发展。尽管碳汇交易中存在不少问题，如基线确定困难、交易成本高、风险大等，但碳汇交易为森林生态效益价值市场化提供了一条途径，解决了森林建设管护活动中的资金不足问题，碳汇服务交易形成了最具发展前景的森林环境服务市场。1992年，荷兰电力委员会（SEP）为抵销其所属电厂的碳排放量，创建了数额达1.8亿美元的森林二氧化碳吸收基金（Forest Absorbing CO_2 Emissions，FACE），其首项投资是马来西亚沙巴州的热带雨林的恢复项目，随后又在厄瓜多尔、荷兰、捷克和乌干达等地开展了4项林业碳汇项目，项目的实施为当地创造了就业机会，促进了旅游业发展，减少了环境污染，产生了巨大的社会、经济和环境效益。到目前为止，亚洲、北美洲、南美洲和非洲的许多国家和地区都开展了清洁发展机制林业碳汇项目。

许多国家如荷兰、法国、美国、俄罗斯、澳大利亚、印度、巴拉圭等已经开始林业碳汇交易的尝试。目前，森林碳汇服务交易数量在森林环境服务交易中占重要地位，国际碳汇项目和碳交易体系不断增加，碳交易额迅速上涨，也涌现出了大量碳汇服务机构。联合国环境计划署号召全球积极行动起来，保护环境，植树造林以增加碳汇，减缓全球气候变暖。

一些具有强烈环境意识的国际组织、团体和个人，也在积极自愿地参与林业碳汇活动，以消除自己的碳排放达到"碳中和"，为应对气候变暖贡献力量。2006年意大利都灵冬奥会是世界上首届"零排放"奥运会，在冬奥会期间由于交通及场馆运转等产生的总排放量约为12万吨的二氧化碳，将在都灵气候遗产项目下，通过林业、节能和可再生能源措施完全抵消。

目前，国际上存在着两种不同规则的森林碳汇活动："京都规则"的森林碳汇和"非京都规则"的森林碳汇。其中，"京都规则"的森林碳汇补偿适用的是通过《京都议定书》确定下来的完全的市场补偿，而"非京都规则"的森林碳汇补偿并没有确定的补偿机制。在"京都规则"所确立的碳汇交易补偿方式下，建立了包括欧盟碳排放交易体系（EU-ETS）、美国芝加哥气候交易所（CCX）、英国排放交易体系（UKETS）和澳大利亚国家信托（NSW）等在内的碳交易市场。在碳交易市场上，买卖双方通过相互买卖经核证的碳信用,来实现碳汇补偿。但是,这种市场补偿不是自发的,许多不受"京都规则"限制的森林碳汇项目不能通过碳汇市场交易的方式得到补偿。不过,在目前的国际森林碳汇市场上,对森林碳汇进行补偿的主要方式还是通过营造碳汇项目进行碳交易来实现的。

我国政府于2002年8月正式核准了《京都议定书》。根据《京都议定书》的规定,我国作为发展中国家,不承担减排义务。但是,由于我国是仅次于美国的全球第二大温室气体排放国,因此,面临减排的国际压力巨大。因此,开展林业碳汇,也是我国应对全球气候变化的一项重要措施。与西方发达国家相比,我国开展森林碳汇相对较晚,但发展势头良好,我国政府于2001年启动了全球碳汇项目,并高度重视和积极支持造林和再造林碳汇项目及其相关工作开展。2003年底,针对气候谈判出现的新进展,国家林业局成立了"国家林业局碳汇管理办公室",自此之后,国内关于碳汇项目的试点工作与研究迅速增加。2004年,我国碳汇工作开始起步,国家林业局将广西造林和再造林项目作为碳汇试点实施,该项目是利用世界银行生物碳基金开展的。云南、四川也利用(保护)国际筹集的资金,启动碳汇试点工作。

根据2007年国家发展改革委颁布的《中国应对气候变化国家方案》,1980年至2005年的25年间,我国通过开展造林和林业管理等活动,净吸收二氧化碳达46.8亿吨,通过控制混交林减少排放的二氧化碳达4.3亿吨,共计51.1亿吨。《方案》强调,植树造林、保护森林以发挥森林的碳汇功能是应对气候变暖的重要措施。国家发改委和国家林业局等部门积极搭建碳汇信息交流平台,组织实施全球第一个清洁发展机制林业碳汇项目和多个林业碳汇试点项目。2006年11月,"我国广西珠江流域再造林项目"获得联合国清洁发展机制执行理事会批准,成为全球第一个获得注册的CDM再造林碳汇项目。该项目通过以混交方式栽植马尾松、枫香、大叶栎等树种,预计在未来的15年间,由世界银行生物碳基金按一定的价格,购买项目所产生的60万吨二氧化碳。2005年,国家林业局与意大利环境国土资源部根据《京都议定书》清洁发展机制（CDM）造林和再造林碳汇项目相关规定而签署的合作造林项目——"中国东北部敖汉旗防治荒漠化青年造林项目"正式实施，这是我国与国际社会合作的第一个"碳汇"造林项目。双方约定，在第一个有效期的 5 年时间内，意大利投资 153 万美元，在敖汉旗荒沙地造林 4.5 万亩，项目产生的可认证的二氧化碳减排指标将归意大利所有，通过该项目碳汇交易筹集了生态补偿资金，减轻财政补偿公益林的压力。以中国科学院为首的一些科研院所，也对全国森林生态系统的碳循环和碳储量以及碳汇功能等进行了初步观测和研究。2007 年 7 月，国家林业局、中国绿化基金会和中国石油天然气集团公司等共同发起成立了中国绿色碳基金，以促进吸纳民间资金，开展以固定大气中二氧化碳为目的的造林、森林经营及能源林基地建设，鼓励企业减少碳排放，并投资森林碳汇项目进一步降低"碳足迹"。

目前，全国碳汇造林试点正式启动，国家林业局西南林业碳汇计量监测中心在昆明成立，这些都是中国增加森林碳汇、保护森林、减少碳排放的重要举措，标志着中国碳汇造林工作已纳入国家战略并付诸实施。这必将在更高层次、更大范围内促进碳汇造林工作，必将为碳汇造林工作提供有力的科技支撑和保障，促进碳汇造林工作向常态化、科学化和专业化方向迈进，对进一步保护生态环境、挖掘生态价值意义重大。

值得一提的是，由于我国的碳交易市场只是初步启动，所以，我国的林业碳汇补偿还是以中央财政补偿为主。目前，我国的森林生态效益补偿资金以中央财政补偿基金为主要来源，同时辅助以地方财政补偿。财政部、国家林业局关于印发《中央财政森林生态效益补偿基金管理办法》的通知中指出，中央财政补偿基金平均标准为每年每亩 5 元。但是，我国对公益林的补偿标准与国际市场的碳交易价格之间存在相当大的差距，加之我国对林业碳汇的补偿方式相对单一，我国林业碳汇的补偿问题没能得到很好的解决。

第三节　中国环境容量产权制度的评价

虽然我国环境容量产权交易取得了不少成果，但总体而言，环境容量产权制度还远未完善，主要表现在以下几个方面。

一是缺乏真正意义上的环境容量产权交易市场。我国没有形成真正意义的环境容量产权市场，首先是在目前总量控制目标下，对于地方政府来说，实施排污权交易会提高企业成本，从而影响招商引资和地方经济发展，因此，地方政府对于排污权交易并没有表现出应有的积极性，造成排污权还没有形成相对的稀缺性，企业对于排污权交易没有真正形成有效需求。其次，市场中也存在"流动性不足"，即使有的企业排污权指标富余，但考虑到未来发展等因素，许多企业存在惜售心理，不愿意将富余的指标拿到市场上进行交易，因此，环境容量产权交易只是作为零星发生的事件，没有形成有效的需求和大规模的交易。再次，生态服务在横向的区域之间，以及在流域上游、下游及中游之间的市场配置还处于探索阶段，市场的缺位影响了环境容量资源的优化配置。

二是交易中政府干预明显，遏制了市场作用的发挥。目前，我国环境容量产权交易主要是由政府牵头推动的，尚未形成竞争性的环境容量产权市场，由于环境容量产权交易市场还没有发育充分，因此几乎所有排污权交易都是经行政部门的"拉郎配"，行政干预的色彩比较浓，遏制了市场作用的发挥，大多数交易同行政命令—控制政策没有很大的差别。只有让排污者成为环境容量产权交易的主体，才能形成有效的环境容量产权市场。

三是环境容量交易对价格因素不敏感。在已进行的交易案例中，政府对价格的行政干预较大，没有形成企业基于成本和利润形成价格的机制，企业如果不以利润最大化为目标，则排污权交易的激励作用就有限，环境容量产权交易也就无法扩大。

四是相应的支撑体系尚不健全。首先，我国的法律法规建设滞后于环境容量产权交易的需要。我国目前还没有全国统一的关于环境容量产权交易的专项法律法规，虽然现行的《大气污染防治法》《水污染防治法》确立了排污总量控制及排污许可证制度，但没有配套的排污权交易制度。虽然各地方结合实际，制定了一些区域性的排污权交易条例，但都属于地方性的法规。其次，由于环境容量产权交易的前提是对企业排污量的准确监测，因此良好的环境容量产权交易秩序，需要有良好的环境污染的监测能力。目前，由于监测技术的限制，一定程度上难以将排污企业的偷排现象完全杜绝，影响了排污权交易的市场秩序。

虽然我国的排污权交易制度还处于探索中，尚未形成统一的完善法律制度，但实践中不少排污权交易案例的成功进行，地方立法的零星规定，国家立法关于污染物排放总量和污染物排放许可证制度的确立已经为完整地建构我国排污权交易制度奠定了坚实的基础。

第四节　本章小结

环境容量概念及其产权的确立是随着人与自然矛盾的出现以及对人与自然关系认识的深化逐步出现和确立的。环境容量概念的确立，不仅为我国可持续发展提供了理论基础，更提供了具体的方法和路径。它将环境容量作为一种经济物品或生产要素进入人类的生产生活中，改变了企业的生产成本函数，能够缩小企业边际私人成本和边际社会成本之间的差距，减少环境外部性，有助于从过去以政府为主的行政管理手段向综合运用政府和市场的环境管理手段转变，能够更好地发挥市场配置环境容量资源决定性的作用，从结果上，有助于从实现单纯的物质增长到经济、社会、环境的综合协调发展转变。

经过近 20 年的实践，我国环境容量产权交易取得了较为明显的成果，完成了多项排污权交易，已初步积累了一些经验。然而，我国完善成熟的环境容量产权交易市场还远未建立，没有真正形成严格意义上的产权交易市场，政府行政干预色彩较浓，市场的作用没有得到充分发挥，企业自身的利益边界尚不清晰，法律法规保障体系不完善，监测等技术手段跟不上环境容量产权制度建立的要求。这些方面的完善，应该成为环境容量产权制度建立健全的重要努力方向。

第六章

环境容量产权改革的动因分析、路径选择及制度设计

第一节　动因分析

一　外在动因——环境容量稀缺性凸显

产权产生稀缺性,环境容量产权也不例外。当人口数量较少,经济活动对自然的影响在环境承载能力之内时,环境容量相对于人类需求来说是充裕的,这时,环境容量是自由取用的免费物品,没有价格。随着人口增长和经济发展,人类对于环境容量的需求不断增加,当人类活动排放的污染物超过环境的纳污能力时,环境的质量就会不断下降,预示着环境容量的稀缺性就开始显现。党的十八大以来,我国生态环境状况出现了稳中向好趋势,但由于环境保护工作全面发力的时间较短,长期快速发展中累积的资源环境问题还比较突出。环境保护取得的成效并不稳固。习近平总书记指出:"我国环境容量有限,生态系统脆弱,污染重、损失大、风险高的生态环境状况还没有根本扭转。"① 当前,我国面临的愈发严峻的环境污染形势,就是环境容量稀缺性凸显的直接表现。

---

① 习近平:《推动我国生态文明建设迈上新台阶》,《求是》2019年第3期。

一是大气污染十分严重。当前我国大气污染状况依然十分严重，污染物的排放总量居高不下，城市大气环境中总悬浮颗粒物浓度普遍超标，传统煤烟型污染尚未得到有效控制，而以细颗粒物（PM2.5）、臭氧和酸雨为主的区域性、复合型大气污染问题日渐突出。我国《第二次全国污染源普查公报》显示，2017年大气污染物中，二氧化硫排放量为529.1万吨，氮氧化物排放量为645.9万吨，颗粒物为1270.50吨，挥发性有机物为481.7万吨。大气环境面临较为严峻的形势，《2019中国环境状况公报》显示，全国337个地级及以上城市中，180个城市环境空气质量超标，占53.4%；469个监测降水的城市（区、县）中，酸雨频率平均为10.2%，酸雨区面积约为47.4万平方千米，占国土面积的5.0%，详细情况参见表6-1。每年年初，我国中东部地区反复出现的严重雾霾天气，使人民群众以一种更加直接的方式感受到大气污染的严重性。未来几年，我国工业化、城镇化将深入推进，据我国相关部门预测，未来几年我国煤炭消费量还将继续增长，并将在2025年前后达到峰值，汽车保有量也还会继续大幅增加，因此，大气污染将面临更加严峻的形势。

表6-1 2019年中国大气环境状况

空气质量	2019年，全国337个地级及以上城市（以下简称337个城市）中，157个城市环境空气质量达标，占全部城市数的46.6%；180个城市环境空气质量超标，占53.4%。337个城市平均优良天数比例为82.0%。337个城市累计发生严重污染452天；重度污染1666天。以PM2.5、PM10和O3为首要污染物的天数分别占重度及以上污染天数的78.8%、19.8%和2.0%。
酸雨	2019年，酸雨区面积约47.4万平方千米，占国土面积的5.0%，比2018年下降0.5个百分点，其中较重酸雨区面积占国土面积的0.7%。酸雨主要分布在长江以南—云贵高原以东地区，主要包括浙江、上海的大部地区、福建北部、江西中部、湖南中东部、广东中部和重庆南部。469个监测降水的城市（区、县）酸雨频率平均为10.2%，比2018年下降0.3个百分点。出现酸雨的城市比例为33.3%，比2018年下降4.3个百分点；酸雨频率在25%及以上、50%及以上和75%及以上的城市比例分别为15.4%、8.3%和2.6%。

资料来源：《2019中国环境状况公报》。

二是水污染问题非常突出。一方面，我国水资源短缺状况突出，人均水资源量仅是世界平均水平的四分之一，而且受地理条件限制等，水资源地域分布不均。另一方面，水污染却非常突出。水污染排放物居高不下。《第二次全国污染源普查公报》显示，2017年全国水污染物排放量中，化学需氧量排放量为2144万吨，氨氮96.3万吨，总氮304.1万吨，总磷31.5万吨，动植物油31.0万吨，重金属（铅、汞、镉、铬和类金属砷）182.54吨。《2019中国环境状况公报》显示，全国地表水监测的1931个水质断面（点位）中，超过Ⅲ类水质的断面（点位）占25.1%。我国大江大河干流水质稳步改善，但部分重点流域的支流污染严重，重点湖库和部分海域富营养化问题突出，开展水质监测的110个重要湖泊（水库）中，30.9%超过Ⅲ类水标准。开展营养状态监测的107个重要湖泊（水库）中，贫营养状态湖泊（水库）占9.3%，中营养状态占62.6%，轻度富营养状态占22.4%，中度富营养状态5.6%。地下水污染严重，中国水资源总量的1/3是地下水，而全国90%的地下水遭受了不同程度的污染，其中60%污染严重。全国10168个国家级地下水水质监测点中，Ⅰ~Ⅲ类水质监测点占14.4%，Ⅳ类占66.9%，Ⅴ类占18.8%。（表6-2）

表6-2 2019年中国水环境状况

十大流域	2019年，长江、黄河、珠江、松花江、淮河、海河、辽河七大流域和浙闽片河流、西北诸河、西南诸河十大流域国控断面监测的1610个水质断面中，Ⅰ~Ⅲ类水质断面占79.1%，劣Ⅴ类占3.0%。西北诸河、浙闽片河流、西南诸河和长江流域水质为优，珠江流域水质良好，黄河流域、松花江流域、淮河流域、辽河流域和海河流域为轻度污染。
湖泊（水库）	2019年，开展水质监测的110个重要湖泊（水库）中，Ⅰ~Ⅲ类湖泊（水库）占69.1%，比2018年上升2.4个百分点；劣Ⅴ类占7.3%，比2018年下降0.8个百分点。主要污染指标为总磷、化学需氧量和高锰酸盐指数。开展营养状态监测的107个重要湖泊（水库）中，贫营养状态湖泊（水库）占9.3%，中营养状态占62.6%，轻度富营养状态占22.4%，中度富营养状态5.6%。
地下水质量	2019年，全国10168个国家级地下水水质监测点中，Ⅰ~Ⅲ类水质监测点占14.4%，Ⅳ类占66.9%，Ⅴ类占18.8%。全国2830处浅层地下水水质监测井中，Ⅰ~Ⅲ类水质监测井占23.7%，Ⅳ类占30.0%，Ⅴ类占46.2%。超标指标为锰、总硬度、碘化物、溶解性总固体、铁、氟化物、氨氮、钠、硫酸盐和氯化物。

资料来源：《2019中国环境状况公报》。

三是土壤污染问题突出。我国土壤污染总体状况不容乐观，土壤污染问题已经成为继大气污染、水污染问题之后引起全社会高度关注并亟须解决的重大环境问题。部分地区土壤污染较重，耕地土壤环境质量堪忧，工矿业废弃地土壤环境问题突出。工矿业、农业等人为活动是造成土壤污染或超标的主要原因。2014年我国发布的《全国土壤污染调查公报》显示，全国土壤总的超标率为16.1%，其中轻微、轻度、中度和重度污染点位比例分别为11.2%、2.3%、1.5%和1.1%。《2019中国环境状况公报》显示，截至2019年底，全国耕地质量平均等级为4.76等。其中，一至三等耕地面积为6.32亿亩，占耕地总面积的31.24%；四至六等为9.47亿亩，占46.81%；七至十等为4.44亿亩，占21.95%。根据2018年水土流失动态监测成果，全国水土流失面积273.69万平方千米。根据第五次全国荒漠化和沙化监测结果，全国荒漠化土地面积为261.16万平方千米，沙化土地面积为172.12万平方千米，全国岩溶地区现有石漠化土地面积10.07万平方千米。

四是生物多样性显著下降。工业革命以来，随着人类农业生产和过度开发的规模和强度不断扩大，人类活动对于生态系统的干扰和破坏加剧。世界自然资金会发布的《2018地球生命力报告》显示，全球野生动物种群数量在短短40多年里消亡了60%，脊椎动物种群规模从1970年到2014年总体下降了60%，世界自然保护联盟濒危物种红色名录（IUCN Red List）中超过8500中濒危或近危物种面临普遍的威胁。而生物多样性是人类赖以生存的物质基础，是人类的宝贵财富，与人类粮食、安全、健康等息息相关，关乎各国政治和经济安全。中国是世界上少数几个生物多样性特别丰富的国家之一，在全球公认的十二个"生物多样性巨丰"国家中排名第8，拥有高等植物30000余种（其中50%为中国特有种），脊椎动物6347种，分别占世界总种数的10%和14%，但中国也是生物多样性丧失最为严重的国家之一。2014年最新发布的全球地球生命力指数对基于405个鸟类、兽类、两栖爬行类的1385个种群时间序列进行了估算，结果显示1970年至2010年中国陆栖脊椎动物种群数量下降了49.71%，以中国18种灵长动物获得的数据表明，在 1955 至 2010 年间种群数量下降了 83.83%，其中 1970~2010 年下降了 62%。因此，生物多样性的减少成为中国面临的严重生态环境问题。

此外，我国面临的环境问题还包括生态系统退化、生物多样性锐减、噪声和固体废弃物污染日渐增多、海洋环境逐步遭到污染，各种污染导致我国的发展是以巨大的环境代价来实现的。根据生态环境保护部发布的《中国经济生态生产总值核算发展报告 2018》，我国 2018 年的环境退化和生态破坏损失成本高达 2.6 万亿元，约占当年 GDP 的 2.93%。这些污染现象都直接表明，人类的活动已经超出了资源环境的承载能力。如果我们再不对自己的排污行为进行限制，继续肆无忌惮地倾倒废物，那就要面临更加严重的灾难。因此，在这样的背景下，大自然划拨给人类的环境容量是非常有限的，环境容量资源就变成了稀缺的资源，因此就需要明晰其产权将其配置到最需要的地方。

二 内在动因——产权明晰收益迅速增加

科斯定理告诉我们，产权制度的供给不是没有成本的，产权的明晰及其交易都需要成本。尤其是对于环境容量这种特殊的资源，由于其没有物质上的分割性，是人为引入的为限制人类行为方式的抽象概念，环境容量产权制度的建立需要巨大的成本。因此，环境容量产权的建立需要在权衡其成本与收益的情况下做出。

考察产权制度的产生历史可以看出，产权制度是随着资源的价值或有用性逐步增加，由此带来的产权界定和实施成本与收益关系发生变化而出现的。许多经济学家对此都做过有益的探讨和研究。德姆赛茨曾经这样说明产权制度的起源："当内在化的收益大于成本时，产权就会产生，将外部性内在化。内在化的动力主要源于经济价值的变化、技术的革新、新市场的开辟和对旧的不协调的产权调整……当社会偏好既定的条件下，新的私有或公有产权的出现总是根源于技术变革和相对价格的变化。"① 接下来，德姆赛茨用这一理论探讨了加拿大北部印第安人土地私有权的产生。当印第安人在猎取海狸获得肉和皮毛只是为了自己的消费时，排他性权利并没有出现，因此，土地使用的机会成本就为零。但是，随着毛皮贸易的发展，对于海狸肉和皮毛需求的增加大大刺激了狩猎活动，这就需要一方面增加保护海狸的投资，另一方面，对猎杀海狸的行为加以限制，避免出现海狸猎杀的"公地悲剧"。在没有排他性权利的条件下，海狸的私人价值为零，而排他性权利的确立可以提高社会的净财富量，所以，印第安人才有了确立私有权的内在经济激励。

德姆赛茨进一步指出，在美国西南部的印第安人部落之所以没有发展起相似的土地排他性产权，是因为建立私有狩猎区对他们来说成本太高而收益太小，在那里并不具有较大商业价值的海狸。在诺思的研究中，将影响产权确立的外生因素看作人口压力。在动植物相对比较丰裕时，确立这些资源的排他性产权的成本大于收益，因此，自然资源被作为公共财产。当人口相对于不变的自然资源增加的时候，部落间的竞争增加了，自由狩猎导致了狩猎活动的规模收益递减，在边际上，尽管农业生产需要支付确立排他性产权的费用，定居与狩猎相比仍然逐渐具有了更大的吸引力。人口增长的结果直接导致了原始农业和原始排他性产权的出现，促进了人类的第一次分工和生产力的巨大发展。②

由此可以看出，当潜在的所有者对于排他性权利的期望收益为正时，这项财产的排他性权利就会被界定。但是，如果强制享有排他性权利的边际成本上升、边际收益下降，这类排他性权利很少会是完全的，并且该权利的所有者也只会在度量和强制成本较低的方面实施这一权利。在大部分社会里，稀缺的和重要的资源的使用都会受到某种形式的排他性权利的限制，但是仍有一些例外，有些经济上十分重要的资源有时也会部分或全部

---

① 〔美〕德姆赛茨：《关于产权的理论》，载《财产权利与制度变迁》，上海人民出版社，1994。
② 〔美〕道格拉斯·C.诺思：《经济史中的结构与变迁》，陈郁、罗华平译，上海人民出版社，1994。

置于公共领域中。一般说来，主要有三个方面的因素可能导致一些重要资源的产权结构表现为某种公共产权的形式：一是高额的排他性费用；二是行使排他性权利所带来的高额内部控制费用；三是政府强制开放资源的排他性限制（出于对诸如公平因素的考虑）。①

同其他形式的财产一样，在环境容量资源相对于人类需求非常充裕时，明晰环境容量的产权只有成本而没有任何收益，人类没有动力也没有任何必要去实现环境容量的排他性消费，因此，环境容量一开始没有任何产权界定，所有的环境容量都存在于公共产权之中，环境容量的价格为零。随着人口的不断增多，环境容量逐步变得稀缺，其价值开始增加，因此，个体会千方百计地获取环境容量公共财产的租金而产生租金耗散，造成对环境容量的过度使用。这时，环境容量明晰带来的收益就会迅速增加，在潜在的经济效益的诱导下，市场主体对于环境容量产权就会有强烈的需求，成为环境容量从共有产权到排他性产权改革的内在动力。

就我国来说，虽然宪法明确规定，土地、水、森林等资源归国家所有或集体所有，但环境领域仍然可以建立排他性的产权制度。方法是在这些环境资源国有或集体所有的前提下，将环境容量的使用权划拨给集体、企业或者私人所有，由此，环境容量的产权得以明晰，并形成了排他性的产权制度，防止了对环境容量资源的滥用，从而实现经济社会与环境的协调发展。然而，产权制度的建立是一个漫长的过程，即便是建立了正式的环境容量排他性产权制度，仍然不可避免地会有一部分环境容量产权置于公共领域。但环境容量产权的建立，会使得环境容量的产权得到较好保护，缩小了私人边际成本与边际社会成本的差距，有利于维持良好的社会经济秩序。

三 机制动因——市场意识增强和市场逐步发育

环境容量产权交易是市场经济发展到一定阶段的产物，它实施的关键

---

① 洪银兴：《可持续发展经济学》，商务印书馆，2002，第350~362页。

是在总量控制前提下进行环境容量的分配，并以此为基础运用市场机制来进行环境容量资源的交易。由于政府的命令—控制型手段在环境管理中存在不可避免的局限以及政府失灵，在环境管理中更多地引入市场机制提高经济手段的应用比例成为各国环境管理的重要趋势。自联合国经济合作与发展组织1972年提出"污染者付费"原则以来，环境管理中的经济手段得到更多倡导和应用。环境容量产权交易是一种典型的运用市场机制解决环境问题的思路和方法，环境管理逐步从政府管制向更多采取经济手段转变，为环境容量产权制度建设提供了体制机制环境。在市场发育较低的情况下，大众的环境意识不强，市场机制极不完善，很难实现环境容量的产权交易。党的十八大以来，坚持"绿水青山就是金山银山"已成为我国生态文明建设的重要理念，增强"绿水青山就是金山银山"的意识写入了党的十九大报告中，也写入了新修订的《党章》中。"绿水青山"即生态产品具有双重价值和功能，除了为经济系统提供矿产、土地、木材等原材料的资源供给功能外，绿水青山无形的生态价值即为人类提供的吸收净化功能、生态系统的生命支持功能和环境舒适性功能越来越多地被人类重视。习近平总书记指出："绿水青山既是自然财富、生态财富，又是社会财富、经济财富"。生态产品及生态系统服务已经成为与物质产品、文化产品并列的支撑现代人类生存和发展的三类产品之一。因此，随着"绿水青山就是金山银山"理念在全社会的牢固树立，同时，近年来，随着环保领域更多经济手段的使用，环境领域的市场发育程度逐步提高，公众的市场意识和环保意识逐步增强，再加上市场运转的规章制度的逐步建立和完善，使得环境容量产权交易从无到有，不仅为整个环境容量产权制度的建立和完善提供了现实可能性，更提供了良好的环境和条件。

四　制度动因——机构改革组建了自然资源部和生态环境部

减少浪费以及资源不合理利用导致的污染，促进环境容量资源的高效利用，需要明晰的产权作为前提。随着资源的稀缺程度越来越高，其经济属性会更加凸显，资产的价值也会越来越高。因此，需要对自然资源如水、森林、山岭、草原等进行统一确权登记，明确其归属及所有权人。

此次国务院机构改革，组建了自然资源部和生态环境部，有助于统一行使全民所有的自然资源资产和环境容量资产所有权人的职责。机构改革后，将对水、森林、山岭、草原等自然资源进行统一确权登记，有助于形成归属清晰、权责明确、监管有效的自然资源和环境容量产权制度，为建立健全自然资源和环境容量产权制度，避免因产权不清晰而导致环境资源被肆意破坏的"公地悲剧"提供了前提和基础。因此，此次机构改革为建立健全有效的环境容量产权制度提供了制度保障和前提基础。

第二节 路径选择

正如上节所述，排他性产权的建立是克服"公地悲剧"的最有力工具。但在环境容量领域建立产权制度是有成本而且是成本不菲的，但我们更应该看到其实施排他性产权的收益。当环境容量资源的稀缺性更加凸显时，实现环境容量排他性产权的收益就会增加。

伴随市场经济的完善，中国已经在一定程度上具备了实施环境容量产权交易的条件和基础，在环境资源稀缺性和外部性日益凸显的现实背景下，环境容量产权明晰的收益迅速增加。因此，更需要充分发挥市场在环境容量资源配置上的决定性作用，通过明晰环境容量产权，公开定价、有偿使用和市场交易，推动环境容量产权逐步从共有产权向排他性产权转变。这是我国环境容量产权制度改革应遵循的路径，也是破解环境资源危机的有效策略。

环境容量排他性产权制度的建立是一个复杂的系统工程，其建立过程也很漫长，远非一朝一夕能够完成。但纵使过程再艰辛，这样的努力是值得的，它可以实现环境容量资源的优化配置，既能确保整个宏观层面的可持续发展，也能实现微观层面的责、权、利一致。

在宏观层面上，产生"公地悲剧"的本质原因是资源的排他性产权结构，由此造成大量的资源浪费和供给的不可持续。由此可见，克服公有产权是保证资源实现可持续利用的关键。环境容量产权制度作为一种以市场机制为核心的环境管理手段，将环境容量这一资源作为生产要素纳入人类的生产生活中，摒弃了人类秉承的"资源有价、环境无价"的发展观念，并强调了环境容量这一"非物"资源的经济属性。环境容量产权制度还有助于充分发挥政府和市场机制的作用，以确保环境容量资源都能够得到合理有效配置，不仅为可持续发展提供了理论依据，更提供了根本的实现路径和方法。

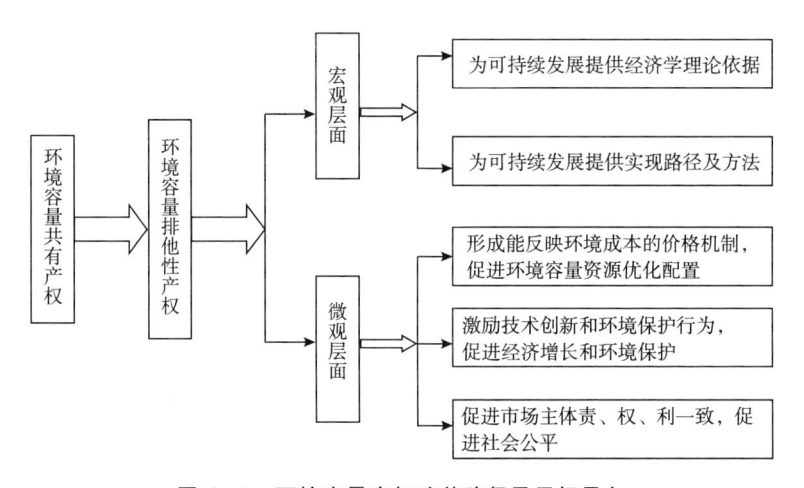

图 6-1　环境容量产权改革路径及目标导向

微观层面上，建立合理的环境容量产权制度，能够使企业在环境容量过程中权利、责任与义务相一致，在行动与预期收益之间建立起某种可以合理预期的联系，实现责任、权利和收益的内在统一，这种内在统一的程度越高，市场机制发挥作用就越好。因此，环境容量产权制度的构建和实施有利于形成市场配置的价格机制和交易机制，实现环境容量利用过程中外部性内部化，有效引导环境资源的合理流动和有效配置，约束环境资源使用者的行为，促进环境资源的节约，激励环境资源的供给。通过环境容量产权制度的合理构建，引导环境容量资源合理定价、促进环境容量资源优化配置、不断诱发技术创新、缓解资源环境对于可持续发展的瓶颈制

第六章　环境容量产权改革的动因分析、路径选择及制度设计

约、实现环境资源使用者和环境资源贡献者之间更为合理的收入分配格局，最终实现经济增长、环境保护和促进社会公平的三个目标。（图6-1）

第三节　制度设计

总量控制下的环境容量产权交易制度是以行政手段统一推动，以市场机制为主导的适合环境容量资源特点的新兴产权制度，其中区域环境容量总量确定、环境容量产权的初始分配、环境容量产权交易以及法律法规保障等是环境容量产权制度设计及构建的重要环节和方面。

一　科学制定环境容量总量控制目标

1. 将总量控制与环境质量改善结合起来

政府是总量控制目标的制定者。环境资源管理部门根据区域内的环境现状、环境质量标准、污染源情况和经济技术水平等因素，勘定环境容量，决定污染物质排放总量以及资源利用总量。目前，总量控制的实施程序是国家环境管理机关在各省（自治区、直辖市）申报的基础上，经全国综合平衡，编制全国污染物排放总量控制计划，把主要污染物排放量分解到各省（自治区、直辖市），作为国家控制计划指标。然后，各省（自治区、直辖市）把省级控制计划指标分解下达，逐级实施总量控制计划管理，并编制年度污染物削减计划，并通过"自上而下、层层分解落实、层层考核"的办法将总量控制计划落到实处。

从实际看，受经济、技术、自然、社会等各种因素影响，环境容量总量是个动态的概念，很难确定。为确定较为合理的控制目标，使环境容量产权交易顺利推行，总量控制目标应当具体、明确，符合实际并尽可能量化，并确定一定的完成时限，应遵循总量控制能与环境质量改善、与确保市场机制顺利发挥作用、具有可操作性等原则。"十二五"期间，我国进

一步扩大了总量控制的范围，但仍然没有遏制住环境质量进一步恶化的趋势，环境状况不容乐观。每年年初，覆盖大半个中国的严重雾霾天气以及群众日益关心的土壤污染进一步凸显出环境治理的迫切性。

因此，应循序渐进、积极探索，在科学论证的基础上逐步扩大总量控制的对象、区域和行业，使总量控制能显著地促进环境质量改善。就总量控制的对象来说，现有的化学需氧量和二氧化硫总量控制主要针对的是点源污染，而对环境质量影响较大的农村面源污染等尚未纳入总量控制的对象。应重点围绕水、空气、土壤这三大环境要素，充分运用环境保护目标责任制和创建环保模范城市等手段，将总量控制的对象逐步扩大，将对环境质量影响较大的如农村面源污染、机动车污染等纳入总量控制对象。从总量控制的整体来说，应该进一步扩大总量控制的范围，对环境质量较差或生态功能重要的城市、江河、湖库都尽快采用总量控制。同时，选择几个重点污染的行业，择机适时对这些行业特定污染物排放总量实施控制。

2. 以环境容量为依据进行区域总量控制

总量控制是环境容量产权交易市场产生的前提及基础，总量控制关乎整个环境容量产权制度的实施成效。进行总量控制的目的是确保区域特定时期内实现既定的环境质量目标，总量控制决定了一个区域可以使用的环境容量。不同区域人口规模、自然条件、地理位置、区域面积、产业结构等具有较大差异，对不同的区域设定统一的环境容量将会导致环境容量的区域间分配不公平。因此，应以环境容量（生态承载力）为依据进行区域总量控制，区域再将可以使用的环境容量产权分配到辖区内的企业，企业根据自身情况在自身减排或购买环境容量产权之间做出对自己有利的选择。这一方面有利于从源头上保证环境容量在各个层面的公平使用。由于生态足迹反映了一个区域对于生态环境的利用情况，生态承载力反映了该区域自然生态状况，两者的对比能反映出一个区域的经济社会活动是否超出了其环境容量。以环境容量为依据进行总量控制，对于占用的环境容量，企业已经付费购买，确保了从区域宏观层面以及微观企业层面对于环境容量产权的公平分配及使用。

另一方面,以环境容量为依据进行区域层面的总量控制有助于形成全国统一的环境容量产权交易市场。对于东部沿海等发达省份来说,因为自身自然条件限制,生态承载能力较小,却是城镇化、工业化水平较高的地区,其生态足迹较大,对于环境容量需求较大,环境容量资源的稀缺性就很高。对于西部广大地区来说,自身的自然条件、生态禀赋决定了其环境容量较为富余,而且西部工业化、城镇化水平相对滞后,因此,西部地区的环境容量产权稀缺性不突出。这样,在市场机制作用下,东部地区就形成了环境容量产权的需求方,西部地区形成了供给方,有助于形成全国范围内统一的跨行业、跨区域的环境容量产权交易市场,并自动实现区域间横向的生态补偿。

二 公平合理地进行初始产权分配

环境容量产权的初始产权分配直接影响到环境容量产权交易市场的结构和资源配置的效率。从所有权角度来看,环境容量所有权属于全民所有,中央政府是环境容量资源终极所有权的代理者,但现实中的操作办法并不是由中央政府在全国层面上直接对各个企业进行初始产权分配,而是中央将总量减排指标下达给地方政府,并通过环境目标责任制或创建环保模范城市等手段确保总量控制层层落实,地方政府再依照一定的规则将环境容量使用权以许可证的形式分配给区域内各企业。因此,环境容量产权界定首先在地方层面界定,然后才由地方政府在企业层面进行分配。

环境容量产权的分配,是政府与排污主体进行协商和博弈的过程。目前,从操作方式上看,环境容量产权分配方式主要有免费分配、公开拍卖和标价出售三种方式,其中公开拍卖和标价出售属于有偿取得的范畴。环境容量产权对于地方来说是稀缺资源,因此,如何公正、公平地分配环境容量产权就显得至关重要。我国的《大气污染防治法》等都规定排污总量控制指标分配应当遵循公开、公平和公正的原则。因此,原则上所有的企业都可以获得环境容量产权,都可拥有环境容量产权的使用权、处分权、收益权。但是环境容量初始产权分配过程必须与国民经济发展规划、能源生产供应、产业结构优化升级以及淘汰落后产能等密切结合起来，更好地促进我国两型社会及生态文明建设。同时，如何将环境容量产权在代与代之间公平公正地分配，以确保子孙后代的环境权益，也是政府在环境容量产权分配中应该兼顾且重点考虑的问题，它直接关乎经济社会可持续发展。

三　建立健全资源环境产权交易机制

1. 建立统一环境容量产权交易平台和政策体系

目前，我国各地都在积极推进环境容量产权交易制度的试点及实践，许多地区都建立了地方性的交易平台，形成了环境容量产权交易平台遍地开花的局面。但目前国内的环境容量产权交易都是分散的，区域性的交易平台缺乏统一的交易规则和制度，导致交易信息不透明，交易成本高，使得环境容量产权交易步履蹒跚，交易市场乱象不断。由于缺乏国家层面的统一制度和交易规则，各地出于自身利益考虑，采取地方保护主义，严重制约了环境容量产权交易市场的稳健发展。因此非常有必要建立一个全国性公开交易平台，并积极整合全国环境容量产权资源，以规范环境容量产权市场，推动环境容量资源在全国范围内的优化配置。另一方面，还需要建立健全有利于环境容量产权交易制度的财政、税收、价格、金融政策，并建立信息共享和互通机制，鼓励和支持环境容量产权交易市场不断发展壮大。此外，为保证环境容量产权交易"公开、公平、公正"，防止非法交易或幕后操纵，还需要建立一套严格、规范的交易规则，规范环境容量产权交易的各项交易行为，维护良好的市场秩序。

2. 扩大排污权有偿使用和交易试点范围

研究将二氧化硫、氮氧化物排污权有偿使用和交易试点适当扩展到排放份额比重大、监测条件好的行业，继续拓展化学需氧量、氨氮排污权有偿使用和排污交易试点区域。在此基础上，加快推进污水、二氧化硫、二氧化碳、固体废弃物等污染物质排放权交易和水权交易、涉矿权交易和林权制度改革，形成真正体现资源环境价值的市场化补偿机制。

3. 减少政府干预，充分发挥市场的决定性作用

目前，我国环境容量产权交易主要是由政府牵头和推动的，大多数交易案例是政府的"拉郎配"，竞争性的环境容量产权交易市场并未真正形成，企业难以自由地买卖环境容量产权。因此，急需政府减少干预，采用政策手段培育环境容量产权交易市场的供求主体。只有排污者成为环境容量产权交易市场的主要主体，环境容量产权交易市场才会兴旺发达。同时，政府要树立正确的激励导向，目前，有些地方开展环境容量产权交易，其目的是为招商引资或项目立项开路，违背了环境容量产权交易的初衷。在目前环境容量稀缺性更加凸显的现实背景下，将经济发展与环境容量资源的永续利用作为开展环境容量产权交易的内在动力，才是一种正确的激励方式。

四 实施严格的产权保护

完善的法律法规是环境容量产权制度顺利推行的基础。国外环境容量产权制度取得成功的一个重要经验，就是有较为完善的法律制度作为保障。美国制定了《清洁空气法》《清洁水法》，分别对气体污染物和水污染物领域的环境管理标准进行了规定，从而使得美国环境产权交易得以顺利开展并取得了良好效果。而我国，虽然已经在很多地区推行了环境容量产权交易制度，也取得了一定的经验，但是，我国环境产权交易制度的建设缺乏有关法律规定和制度保障，在政府监管不到位和违法成本低廉的背景下，要真正深入推行环境容量产权交易制度，并保障这一制度有效运行，存在诸多困难。

因此，应从国家层面推动环境容量产权交易相关法律出台，并制定一系列监管法规、规章和其他规范性文件，从制度上确保环境容量产权交易顺利进行。同时，严格执行生态环境保护的法律法规，建立健全污染控制、资源节约、生态环境保护与建设等相关地方性法规。严格依法行政，完善行政执法监督机制，充分发挥舆论媒体和社会公众的监督作用。明确政府、企业、公民在环境容量产权交易制度中的法律责任。

第四节　本章小结

首先，根据科斯第三定理，我们需要从产权制度的成本与收益比较的角度，选择合适的产权制度。当前我国严峻的环境污染问题印证了我国的环境容量稀缺性和外部性已经凸显，环境容量资源的价值及有用性正在逐步增加，虽然环境容量明晰需要巨大成本，但我们更应该看到环境容量明晰的收益，因此，是时候明晰环境容量产权并建立合适的产权制度了。

其次，伴随市场经济的完善，中国已经在一定程度上具备了实施环境容量产权交易的条件和基础。因此，需要充分发挥市场在环境容量资源配置上的决定性作用，通过明晰环境容量产权、公开定价、有偿使用和市场交易，推动环境容量产权逐步从共有产权向排他性产权转变。这种产权制度，能够实现国家宏观政策目标与微观经济激励目标的协调和相容。这是我国环境容量产权制度改革应遵循的路径，也是破解环境资源危机的有效策略。

最后，总量控制下的环境容量产权交易制度是以行政手段统一推动，以市场机制为主导的适合环境容量资源特点的新兴产权制度，其制度设计应该从区域环境容量总量确定、环境容量产权的初始分配、产权交易平台、政策体系以及法律法规保障等几个方面着手。总量控制目标设定方面，应该将总量控制与环境质量改善结合起来，在科学论证的基础上逐步扩大总量控制的对象、区域和行业，同时，以环境容量为依据进行区域环境容量总量控制，以形成全国统一的产权交易市场，并促进环境容量产权公平公正使用。在环境容量产权初始分配方面，应在企业之间、代际层面公平合理地进行初始产权分配。环境容量产权市场交易方面，应建立全国统一的环境容量产权交易平台和政策体系，减少政府干预，促进环境容量产权市场平稳健康发展。出台国家层面应环境容量产权交易的相关法律，并制定一系列监管法规、规章和其他规范性文件，从制度上确保环境容量产权交易顺利进行。

第七章

主要结论、政策建议

第一节 主要结论

本书形成的基本结论如下。

其一，对于环境领域引入产权手段，目前学术界主要表述有"环境产权"、"环境资源产权"和"环境容量"产权。由于产权是随着资源的稀缺性而产生的，具有排他性的本质特征，因此，本书在对三个概念进行对比分析的基础上，结合环境资源的特殊性，明确提出准确表述应该是"环境容量产权"，并从环境资源双重价值入手，结合环境容量产权的特殊性，对环境容量的概念、内涵、特点等进行了系统分析和探讨，强调了环境容量资源是一种有价值的经济资源的概念。由于环境容量不具有实物属性的特征，其稀缺性及产权设定是在目前全球应对气候变化以及国家将节能减排作为经济社会发展约束性目标的背景下才具有现实可操作性，因此，本书将环境容量定义为：环境容量是指在设定的环境质量目标下，某一区域在特定时期内所能容纳的污染物的最大数量，或最大的纳污能力。环境质量目标设定的不同会导致环境容量大小的不同。环境容量具有有限性、效用特征以及共有资源等特征。

从产权理论分析出发，我们得到的启示是，制度是经济发展的内生变量，但制度的供给是有成本的。随着环境容量资源稀缺性和外部性的日益凸显，明晰环境容量产权的收益迅速增加。环境容量是一种特殊的资源，其所有权属于全体人类。许多学者正是混淆了所有权与产权的关系，在将产权手段引入环境领域时，难以走出环境资源归国家所有的概念，但忽略了有效率的产权是可以分割的，因此，本书提出了在环境容量资源归国家所有的前提下，在总量控制下，将环境容量资源的某些产权项进一步分解成更加具体的权能，通过创新产权来解决环境问题的思路。本书提出了环境容量产权本质上是环境容量的使用权，以及由此产生的收益权、转让权等权利束，它具有产权的一切本质特征，即排他性、可交易性、可转让性等。环境容量的产权制度由环境容量的界定制度、配置制度、交易制度及保护制度构成。

其二，环境容量产权是一种共有产权和私有产权相结合的产权结构，且绝大部分环境容量资源处于共有产权的领域。其原因有三：一是造成环境污染的污染物种类众多和行为众多，但目前人类仅仅对二氧化硫、化学需氧量等少数几种污染物实施了总量控制。二是总量控制下的环境容量使用权的私有产权仅仅是针对市场上的排污大户，如企业等，对于一般消耗环境容量资源的行为和个体譬如汽车尾气等、个人排污行为等，仍然处于共有产权的状态。三是从理论上说，环境容量产权完全具有私人产权的特征，但产权界定及其交易成本会太高。

环境容量产权的共有产权特征，使得各博弈主体在博弈过程中，个人理性与集体理性存在根本性冲突，个体行为的趋利性特征，必然使得环境容量资源不可避免地陷入"公地悲剧"的困境，造成日益严重的环境质量恶化，这无论从微观企业主体的博弈、地方政府以及中央政府的博弈中，还是从应对全球气候变暖的国与国之间的博弈中都可以看出。因此，日益严峻的生态环境问题，从根本上说是各利益主体博弈的结果。要解决环境问题，必须在清晰界定环境容量产权的前提下，提供有效激励的产权制度，以运用制度安排来调整各环境利益相关者的行为，实现外部性内在化，形成各产权主体责、权、利相一致的结果。因此，通过建构环境容量资源的产权制度来实现环境容量资源的有效配置应是消除外部性的重要手段，是将市场机制引入我国环境治理领域的变革取向，也是实现环境与经济共生的必由之路。

其三，在总量控制与环境容量产权交易的环境管理政策中，"总量控制"的作用在于形成有效的环境容量资源市场，并实行初始分配和监控，以确保实现一定的环境质量目标。"环境容量产权交易"则是建立并维护交易市场的运作，通过交易重新分配环境容量资源并实现优化配置。

环境容量产权交易作为一种以市场机制为基础的经济激励政策，与传统的命令—控制型政策及庇古手段相比，具有成本效用方面的显著优势，应成为依托市场机制解决环境问题的一个有效途径。环境容量产权交易对于污染治理的效用主要体现在：一是由于企业的减排成本有差异，环境容量产权交易有利于企业发挥比较优势，将污染削减发生在边际减排成本低的企业那里，从而使整个社会以较低的成本实现减排。二是环境容量产权交易通过诱发技术创新或变更生产要素实现更多的环境容量供给，从而扩大资源基础存量，缓解环境容量资源的稀缺压力。三是能统筹兼顾各方利益，有效规范和协调不同利益主体之间的关系，从而有利于环境资源的公平分配和公正利用，从而促进社会公平。

其四，环境容量概念及其产权的确立是随着人与自然矛盾的出现以及对人与自然关系认识的深化逐步出现和确立的。环境容量概念的确立，不仅为我国可持续发展提供了理论基础，更提供了具体的方法和路径。它使环境容量作为一种经济物品或生产要素进入人类的生产生活中，改变了企业的生产成本函数，能够缩小企业边际私人成本和边际社会成本之间的差距，减少环境外部性，有助于从过去以政府为主的行政管理手段向综合运用政府和市场的环境管理手段转变，能够更好地发挥市场配置环境容量资源的决定性作用，从结果上，有助于从过去单纯的物质增长向经济、社会、环境的综合协调发展转变。

经过近20年的实践，我国环境容量产权交易取得了较为明显的成果，完成了多项排污权交易，已初步积累了一些经验。然而，完善成熟的环境容量产权交易市场还远未建立，没有真正形成严格意义上的产权交易市场，政府行政干预色彩较浓，市场的作用没有得到充分发挥，企业自身的利益边界尚不清晰，法律法规保障体系不完善，监测等技术手段跟不上环境容量产权制度建立的要求。这些方面的完善，应该成为环境容量产权制度建立健全的重要努力方向。

其五，根据科斯第三定理，我们需要从产权制度的成本与收益比较的角度，选择合适的产权制度。当前我国严峻的环境污染问题印证了我国的环境容量稀缺性和外部性已经凸显，环境容量资源的价值及有用性正在逐步增加，虽然环境容量明晰需要巨大成本，但我们更应该看到环境容量明晰的收益，因此，是时候明晰环境容量产权并建立合适的产权制度了。

伴随市场经济的完善和环境容量产权概念在我国的确立，中国已经在一定程度上具备了实施环境容量产权交易的条件和基础。因此，需要充分发挥市场在环境容量资源配置上的决定性作用，通过明晰环境容量产权、公开定价、有偿使用和市场交易，推动环境容量产权逐步从共有产权向排他性产权转变。这种产权制度，能够实现国家宏观政策目标与微观经济激励目标的协调和相容。这是我国环境容量产权制度改革应遵循的路径，也是破解环境资源危机的有效策略。

解决环境外部性问题，经济学家给出了两种手段：庇古手段和科斯手段，有学者将庇古手段等同于政府干预，将科斯手段等同于市场手段，本书认为两种手段并不是对立的，在本质上具有共通之处，那就是缩小边际私人成本和边际社会成本的差距，使得市场主体的责任和权利更加匹配。因此，在环境容量资源配置中，只有将两种手段有机结合，才能有效建立环境容量产权制度，实现环境容量资源的优化配置和环境容量资源的永续利用。

总量控制下的环境容量产权交易制度是以行政手段统一推动，以市场机制为主导的适合环境容量资源特点的新兴产权制度，其制度设计应该从区域环境容量总量确定、环境容量产权的初始分配、产权交易平台、政策体系以及法律法规保障等几个方面着手。总量控制目标设定方面，应该将总量控制与环境质量改善结合起来，在科学论证的基础上逐步扩大总量控制的对象、区域和行业，同时，以环境容量为依据进行区域环境容量总量控制,以形成全国统一的产权交易市场,并促进环境容量产权公平公正使用。在环境容量产权初始分配方面,应在企业之间、代际层面公平合理地进行初始产权分配。环境容量产权市场交易方面,应建立全国统一的环境容量产权交易平台和政策体系,减少政府干预,促进环境容量产权市场平稳健康发展;出台国家层面环境容量产权交易相关法律,并制定一系列监管法规、规章和其他规范性文件,从制度上确保环境容量产权交易顺利进行。

第二节 政策建议

根据党的十八大报告和党的十八届三中全会精神,环境保护领域要更多地引入市场机制,实现以更小的成本、更加有效的方式解决环境问题。长期以来,环境作为生产要素的属性未得到应有的重视,环境这种无形之物一直被"无价"或廉价获取,环境产权制度长期被忽视,导致了对环境资源的竞争性使用。随着人类活动规模和强度的扩大,其逐步超出了环境资源承载力,环境容量由免费物品变成了稀缺资源,且稀缺性随着人类发展更加凸显。应用产权制度来矫正环境容量资源的低价格或无价格使用,是利用市场机制配置环境资源的一个重要手段,对于我国生态文明建设具有极大的理论和现实意义。

就目前来看,应主要从以下五个方面作为切入点或现实起点,推动我国环境容量产权制度的优化。

一 建立健全环境容量产权制度势在必行

总量控制与环境容量产权交易的最终目的是保护和改善环境质量。随着世界范围内环境监管制度正从命令—控制型向市场导向型发展,建立总量控制下的环境容量产权制度,以其良好的环境治理效用及实施成本优势，正逐步被各国推广。就我国来说，环境容量产权交易制度不仅是一项环境管理政策，更对我国环境保护、产业转型升级、提高国际竞争力都有重要影响和意义。在我国，总量控制和环境容量产权交易作为我国环境管理的重要手段，已经正式施行了约 20 年，但鉴于近年来环境质量恶化的趋势并没有得到明显遏制，因此，关于这一制度对于环境保护的作用和效果，出现了不少质疑的声音。但笔者认为，这种质疑显然是片面的，中国环境质量的继续恶化，并不是总量控制与环境容量产权交易不可取，相反，是控制力度不够，环境产权制度安排滞后于现实的发展。因此，环境容量产权交易制度，不是要不要的问题，而是应不断加强和尽快完善的问题。只有将产权交易纳入治污管理中，才有可能约束排污的负外部性行为，保护环境，促进生态文明建设。

因此，必须进一步加大产权手段在环境领域的应用，通过改革和创新，利用市场调节机制，推进污水、二氧化硫、二氧化碳、固体废弃物等污染物质排放权交易和水权交易、涉矿权交易和林权制度改革。根据环境优化配置资源，真正体现资源环境的价值，增强市场经济主体珍惜环境和资源的压力和动力，使生态环境的外部性内部化，环境得到较好的保护和可持续利用。

二　深化资源性产品价格形成机制改革

由于长期以来环境的生态服务功能没有作为生产要素进入人类生产生活中，由此形成的价格机制没有反映出资源的稀缺和环境成本，目前的价格构成是不完全的。因此，应进一步完善资源性产品的价格形成机制，建立起能够灵活反映市场供求关系、资源稀缺程度和体现生态价值和代际补偿的资源有偿使用制度和生态补偿制度。一是将重要资源产品由从量定额征收改为从价定率征收。尽快将原油、天然气和煤炭资源税计征办法由从量征收改为从价征收，并适当提高税负水平。二是适当扩大资源税征收的范围。当前，资源税征税范围限于原油、天然气、煤炭、其他非金属矿原矿等 7 个品目，仍有许多重要的自然资源未包括在内，如水资源、黄金等。

建议在适当的时候，对于水资源等重要资源也开征资源税。三是应进一步放开对成品油、电力、天然气等资源性产成品价格的管制，加大价格的市场化程度，理顺资源性产品的价格传导机制，以充分发挥市场配置资源的基础性作用。

三 推进环保税费制度改革

减少或消除环境外部性的办法，经济学家给出了两种解决方案：庇古手段和科斯手段。庇古手段侧重于用政府干预的方式解决环境问题，提出了著名的修正性税，即税收—津贴办法。科斯手段则侧重于运用产权理论通过市场机制来解决环境外部性问题。庇古手段与科斯手段本质上有共同点，都是从减少私人边际成本与社会边际成本以及私人边际收益与社会边际收益的差距来解决环境生产消费中的外部性问题，以促进环境资源利用主体责任、权利和义务的统一。因此，虽然许多学者将庇古手段等同于政府干预，科斯手段认同为产权手段的代名词，认为应用产权手段应该排斥政府干预。但笔者认为，由于环境容量的特殊性，且庇古手段和科斯手段在本质上有相同之处，因此，在完善环境容量产权制度中，只有将两种手段有机结合，才能有效建立环境资源产权制度，环境容量产权交易市场是政府控制下的产权交易市场。"从表面上看，在解决环境问题上有市场与政府两种手段的差异，其实科斯手段排斥的是政府的直接干预，并不排斥政府在制度建设和产权界定与保护方面的作用。"[①] 而且，科斯手段和庇古手段具有共同之处，那就是拉近环境保护的私人成本与社会成本。环境具有的生态服务功能长期以来被人类忽视，没有形成价格，造成目前资源及环境的价格扭曲。应用产权制度来矫正环境容量资源的低价格或无价格使用，使环境容量资源的价格等于其影子价格，拉近边际私人成本与社会成本的差距，减少环境问题的外部性。因此，建立环境容量的排他性产权制度，是一

---

① 孙蕙丽、江华锋：《对环境问题的制度经济学分析》，《生态经济》2007年第7期。

我国自 2016 年正式开征独立型环境税，再加上包括资源税、耕地占用税、车辆使用税和消费税中针对过度消耗资源和破坏生态环境的商品所征的税，我国的环境税税收体系已具雏形，但也存在着对于环境保护的作用效果偏弱、征收范围狭窄、税率低、计税方式不合理等问题。因此，建议尽快深化环境税收制度改革。一是逐步扩大环境税收的征收范围。鉴于目前我国资源税和消费税对自然资源与污染产品的覆盖并不全面，且独立型环境税基本等同于污染排放税，导致环境税的调控范围和调控能力较弱。因此，要逐步扩展征收范围，资源税的征收范围应该实现对自然资源种类的尽可能全覆盖，适当增加消费税中具有环保性质的税目，扩展独立型环境税的征收范围。征收环境税是一种环境治理的庇古手段，但由于能够对排污企业进行征税，它实际是对排污行为进行惩罚的税种。因此，本着先易后难的原则，将防治任务重而且技术标准成熟的税目，逐步扩大征收范围。二是提高环境税税率。针对目前我国环境税税率普遍偏低的实际，建议在考虑不增加居民税负水平的前提下，适当提高环境税税率。三是确保环境税的专款专用，将征收的环境税收用于环保投资，促进环保产业发展和环境质量提高。

四 推进区域环境保护基本公共服务均等化

我国环境容量产权在区域层面、城乡之间以及微观个体之间都呈现不公平状态，尤其是城乡之间的不公平更为凸显。随着一些污染严重的企业逐步从城市转移到农村，农村的工业污染、生活污染都开始加剧。黄季焜、刘莹对全国农村污染状况进行了抽样调查，结果显示，在所调查的 5 个省区 101 个样本村中，过去 10 年中环境恶化的占 44%。[①] 但是，农村的

---

① 黄季焜、刘莹：《农村环境污染情况及影响因素分析——来自全国百村的实证分析》，《管理学报》2010 年第 11 期。

环保投入远远低于城市。推进环境保护基本公共服务均等化是保障环境容量产权公平的重要措施。因此，从城乡间环保投入来说，应该加大对农村环境保护的投入，确保广大农村地区享有环境保护公共服务的均等化。从区域层面，完善中央财政转移支付制度，加大对中西部地区、重点生态功能区、禁止开发区域和限制开发区域等区域的财政转移支付力度。同时，积极推进生态补偿机制的建立和完善，在现行体制下，充分发挥政府的主导作用，从区域规划、资金投入、财税政策、制度激励、舆论导向、协调利益关系等方面着手，逐步建立和完善生态补偿机制。

五 建立健全生态补偿机制

生态补偿机制是以保护生态环境、促进人与自然和谐发展为目的，根据生态系统服务价值、生态保护成本、发展机会成本，综合运用行政和市场手段，调整生态环境保护和建设相关各方之间利益关系的环境经济政策、法律法规和操作机制。生态补偿机制反映的是一种经济利益关系，而现代社会的经济利益关系的基础是产权关系。因此，一方面，生态补偿机制的建立要以明晰环境容量产权制度为基础，而另一方面，建立健全生态补偿机制，以生态补偿形式保障个体之间、区域间、流域间甚至代际环境产权利益的实现，是环境产权权益实现的可行而且必然的选择。

生态补偿理论上强调在经济社会发展中要做到生态无净损失，凡对其造成损失的，必须负责对生态进行修复和补偿，凡保护生态环境的，要让受益者对其付出的成本和代价给予补偿。建立生态补偿机制，有利于明确建设和保护生态的责任，量化生态环境的价值及维系生态环境的成本，对受益者做出补偿，破坏者给予赔偿。通过建立这种机制，可以改变传统无偿使用生态资源的状况，减少对环境资源的破坏和占用，同时有效增加生态保护和建设资金，弥补生态环境和生态保护者的损失，有助于平衡环境保护者和受益者之间的利益关系，体现社会公平和正义，进一步推动公平公正发展环境的建立。生态补偿是多个利益主体（利益相关者）在使用资源环境时的一种权利、义务、责任的重新平衡过程。

环境污染带来的影响往往由一个特定的受害者群体共同承担，然而由于单个污染者索赔的成本要大于其受污染的损失，因此，单个污染者选择不进行索赔而是更倾向于搭便车。此时，代表众多污染受害者的集体索赔就显得必要，这为区域间、流域上下游间环境容量产权交易或是生态补偿提供了依据。在目前条件下，横向之间的区域生态补偿也是应用产权解决环境问题的一个有效手段，金雪涛将这种方式称为自愿合作基础上认知产权调整。因此，环境产权制度的构建，除了以微观的企业为主体外，还必须辅以中观区域层面乃至国家间的关于解决跨界污染的谈判和产权交易。就我国区域层面的产权交易来说，应该基于地区生态足迹与生态承载力的关系对比角度，以此为依据进行环境质量目标设定和总量控制，并确定生态补偿的主体、对象以及补偿的额度，推动建立区域间的生态补偿机制，编制科学的生态利益共享、义务分担的综合协调和管理规划，制定并落实区域间生态服务共用、环境责任同担、经济义务分担的利益平衡方案，保护和平衡下游地区的生态安全和上游地区的经济利益，实现区域间的环境公平和可持续发展。

参考文献

一 中文文献

〔美〕埃利诺·奥斯特罗姆：《公共事物的治理之道：集体行动制度的演进》，余逊达、陈旭东译，上海三联书店，2000。

〔美〕巴泽尔：《产权的经济分析》，费方域、段毅才译，上海人民出版社，1997。

白平则：《自然资源产权与资源环境生态效益》，《山西高等学校社会科学学报》2003年第4期。

常修泽：《环境产权制度不能再延后》，《四川政报》2008年第3期。

常修泽：《建立完整的环境产权制度》，《学习月刊》2007年第9期。

常修泽：《资源环境产权制度及其在我国的切入点》，《宏观经济管理》2008年第9期。

常永胜：《产权理论与环境保护》，《复旦学报》（社会科学版）1995年第3期。

陈德湖：《寡头垄断条件下排污权初始分配的一个模型》，《工业工程与管理》2004年第6期。

陈宏：《论总量控制中的排污收费制度及排污权交易制度》，《海峡科学》2007年第2期。

程良开：《中国环境税体系的完善建议》，《黑龙江省政法管理干部学院学报》2018年第4期。

〔美〕丹尼尔·W. 布罗姆利：《经济利益与经济制度——公共政策的

理论基础》，陈郁等译，上海三联书店，1996。

〔美〕丹尼尔·H. 科尔：《污染与财产权：环境保护的所有权制度比较研究》，严厚福、王社坤译，北京大学出版社，2009。

丁社教、柯小林：《博弈论视角下河流污染问题的研究》，《未来与发展》2011年第10期。

董金明、尹兴、张峰：《我国环境产权公平问题及其对效率影响的实证分析》，《复旦学报》（社会科学版）2013年第2期。

杜宽旗：《对区域环境污染管理政策工具选择的理论再思考》，《郑州航空工业管理学院学报》2006年第5期。

樊根耀：《生态环境治理制度研究述评》，《西北农林科技大学学报》（社会科学版）2003年第4期。

方世南、张伟平：《生态环境问题的制度根源及其出路》，《自然辩证法研究》2004年第5期。

菲吕博滕、S. 配杰威齐：《产权与经济理论：近期文献的一个综述》，载〔美〕R. H. 科斯等《财产权利与制度变迁——产权学派与新制度学派译文集》，上海三联书店，1994。

冯薛：《排污权交易制度及市场构建研究》，硕士学位论文，产业经济研究院，2012。

耿世刚：《制度与市场机制在治理污染中的作用》，《中国环境管理干部学院学报》2001年第3、4期。

郭银霞：《论排污权交易制度的构建》，硕士学位论文，中国政法大学环境与资源保护法学专业，2010。

国家环境保护局、中国环境科学研究院：《城市大气污染总量控制典型范例》，中国环境科学出版社，1993。

郝俊英、黄桐城：《环境资源产权理论综述》，《经济问题》2004年第6期。

何德旭、史晓琳：《国外排放贸易理论的演进与发展述评》，《经济研究》2010年第6期。

洪银兴：《可持续发展经济学》，商务印书馆，2002。

胡明：《基于制度创新的排污权交易环境治理政策工具分析》，《商业时代》（原名《商业经济研究》）2011 年第 19 期。

胡胜国：《资源环境产权制度研究》，《中国矿业》2012 年第 19 期。

胡妍斌：《探索排污权交易在加强环境保护方面的作用》，《环境科学导刊》2008 年第 6 期。

蒋洪强、王金南：《关于排污权的一级市场和二级市场问题》，《电力环境保护》2007 年第 2 期。

金雪涛、刘祥峰：《环境资源负外部性与产权理论的新进展》，《中国水利》2007 年第 8 期。

〔德〕柯武刚、〔德〕史漫飞：《制度经济学：社会秩序与公共政策》，韩朝华译，商务印书馆，2002。

〔美〕科斯等：《财产权利与制度变迁》，上海三联书店，1991。

蓝虹：《产权明晰和交易是环境资源合理定价的基础》，《中国物价》2004 年第 2 期。

蓝虹：《环境产权经济学》，中国人民大学出版社，2005。

李爱年、胡春冬：《环境容量资源配置和排污权交易法理初探》，《吉首大学学报》（社会科学版）2004 年第 3 期。

李金昌：《价值核算是环境核算的关键》，《中国人口·资源与环境》2002 年第 3 期。

李瑞娥、李春米：《环境产权问题的博弈分析》，《广西经济管理干部学院学报》2003 年第 3 期。

李寿德：《初始排污权不同分配下的交易对市场结构的影响研究》，《武汉理工大学学报》2004 年第 1 期。

李云燕：《基于稀缺性和外部性的环境资源产权分析》，《现代经济探讨》2008 年第 6 期。

林海平：《环境产权交易论》，社会科学文献出版社，2012。

林红：《大气污染物排放总量控制方案的确定》，《中国环境科学》

1993 年第 5 期。

刘春腊、刘卫东、徐美：《基于生态价值当量的中国省域生态补偿额度研究》，《资源科学》2014 年第 1 期。

刘丹鹤：《环境规制工具选择及政策启示》，《北京理工大学学报》（社会科学版）2010 年第 2 期。

刘红侠、何士龙、吴晓霞、韩宝平、张雁秋：《试论排污权交易在环境管理中的作用》，《能源环境保护》2003 年第 2 期。

刘舒生、林红：《国外总量控制下的排污交易政策》，《环境科学研究》1995 年第 2 期。

刘添瑞：《排污费政策的内涵及其完善对策的探讨》，《市场经济与价格》2012 年第 12 期。

鲁传一：《资源与环境经济学》，清华大学出版社，2005。

吕忠梅：《论环境资源使用权交易制度》，《政法论坛》2000 年第 4 期。

吕忠梅主编《超越与保守——可持续发展视野下的环境法创新》，法律出版社，2003。

马永喜、王娟丽、王晋：《基于生态环境产权界定的流域生态补偿标准研究》，《自然资源学报》2017 年第 8 期。

马中、蓝虹：《产权、价格、外部性与环境资源市场配置》，《价格理论与实践》2003 年第 11 期。

马中、蓝虹：《环境资源产权明晰是必然的趋势》，《中国制度经济学年会论文集》（2003）。

马中、蓝虹：《贫困约束下对消费者征收环境税的绩效分析》，《复旦学报》（社会科学版）2005 年第 2 期。

马中、蓝虹：《约束条件、产权结构与环境资源优化配置》，《浙江大学学报》（人文社会科学版）2004 年第 6 期。

马中、Dan Dudek、吴健、张建宇、刘淑琴：《论总量控制与排污权交易》，《中国环境科学》2002 年第 1 期。

马中主编《环境与自然资源经济学概论》，高等教育出版社，2006。

〔美〕迈克尔·弗里曼：《环境与资源价值评估》，曾贤刚译，中国人民大学出版社，2002。

蒲志仲：《资源产权制度与价格机制关系研究》，《价格理论与实践》2006 年第 6 期。

乔立群：《环境产权论》，《环境》粤增刊 108 号。

任海洋：《我国农村生态环境保护的产权路径研究》，《农业经济》2014 年第 9 期。

任红梅：《基于环境保护的排污费制度改革探析》，《渭南师范学院学报》2010 年第 4 期。

沈满洪：《排污权价格决定的理论探讨》，《浙江社会科学》2005 年第 3 期。

沈满洪、钱水苗、冯元群、徐鹏炜等：《排污权交易机制研究》，中国环境科学出版社，2009。

沈满洪、魏楚等：《完善生态补偿机制研究》，中国环境科学出版社，2015。

沈宗灵：《法理学》，高等教育出版社，1994。

世界环境与发展委员会：《我们共同的未来》，世界知识出版社，1989。

〔美〕斯蒂格利茨：《政府失灵与市场失灵：经济发展战略的两难选择》，吴先明译，《社会科学战线》1998 年第 2 期。

〔美〕斯蒂格利茨：《政府为什么干预经济》，中国物资出版社，1998。

宋国军：《中国污染物排放总量控制和浓度控制》，《环境保护》2000 年第 6 期。

宋晓丹：《排污权交易制度公平之思考》，《理论月刊》2010 年第 9 期。

苏晓红：《环境管制政策的比较分析》，《生态经济》2008 年第 4 期。

孙世强：《环境产权与经济增长》，《哈尔滨工业大学学报》（社会科学版）2004 年第 3 期。

孙月平、刘俊、谭军：《福利经济学》，经济管理出版社，2004。

〔美〕泰瑞安德森、泰纳德·利尔：《从相克到相生：经济与环保的共生策略》，肖代基译，改革出版社，1997。

唐克勇、杨怀宇、杨正勇：《环境产权视角下的生态补偿机制研究》，《环境污染与防治》2011 年第 12 期。

汪新波：《环境容量产权解释》，首都经济贸易大学出版社，2010。

王万山：《中国资源环境产权市场建设的制度设计》，《复旦学报》2003 年第 3 期。

王新宇：《排污费改税的思考》，《法制博览》（中旬刊）2012 年第 12 期。

王志凌、魏聪：《公共池塘资源的治理之道——解读奥斯特罗姆的〈公共事物的治理之道〉》，《消费导刊·理论广角》2008 年第 8 期。

温军、史耀波：《构建完善的环境产权交易市场研究——以西部地区为例》，《学术界》2011 年第 8 期。

吴健：《排污权交易——环境容量管理制度创新》，中国人民大学出版社，2005。

吴玲、李翠霞：《我国环境保护制度的制度变迁与绩效》，《商业时代》2007 年第 21 期。

吴艳辉、刘志锋、王恩宁：《论排污权交易的政府行为对策》，《中国环保产业》2008 年第 3 期。

相震、吴向培：《森林碳汇减排项目现状及前景分析》，《环境污染与防治》2009 年第 2 期。

肖国兴：《论中国环境产权制度的构架》，《环境保护》2000 年第 11 期。

肖江文：《寡头垄断条件下的排污权交易模型》，《系统工程理论与实践》2003 年第 4 期。

邢永强、康鸳鸯、张洪波、李光：《浅议生态环境承载能力与环境容量的区别与联系》,《河南地球科学通报》2008 年（中册）。

徐嵩龄：《产权化是环境管理网链中的重要环节，但不是万能的、自发的、独立的——简评〈从相克到相生：经济与环保共生策略〉》,《河北经贸大学学报》1999 年第 2 期。

许芬、时保国：《生态补偿——观点综述与理性选择》,《开发研究》2010 年第 5 期。

〔英〕亚当·斯密：《国民财富的性质和原因的研究》（上卷），郭大力、王亚南译，商务印书馆，1981。

严刚、王金南编著《中国的排污交易实践与案例》，中国环境科学出版社，2011。

颜敏：《生态补偿与社会产权》,《新东方》2008 年第 8 期。

杨振：《基于环境容量的能源消费碳排放空间公平性研究》,《中国能源》2010 年第 7 期。

姚志勇等：《环境经济学》，中国发展出版社，2002。

尹岳群：《对排污权交易制度的经济分析》,《重庆邮电学院学报》（社会科学版）2005 年第 2 期。

余春祥：《可持续发展的环境容量和资源承载力分析》,《中国软科学》2004 年第 2 期。

袁子媚：《浅谈外部性内在化理论对环境治理的指导作用——从"庇古税收"走向"科斯定理"的产权制度建设角度分析》,《现代商业》2016 年第 26 期。

曾先峰：《资源环境产权缺陷与矿区生态补偿机制缺失：影响机理分析》,《干旱区资源与环境》2014 年第 5 期。

曾贤刚、虞慧怡、谢芳：《生态产品的概念、分类及其市场化供给机制》,《中国人口·资源与环境》2014 年第 7 期。

张东梅：《环境容量产权与民族地区利益实现》,《民族研究》2014 年第 5 期。

张刚、宋蕾：《环境容量与排污权的理论基础及制度框架分析》,《环境科学与技术》2013年第4期。

张乐乐：《建立适应低碳经济发展的排污费征收制度》，《山西能源与节能》2010年第3期。

张三、付建华：《产权与环境问题》，《江苏社会科学》2001年第3期。

张文显：《法哲学范畴研究》，中国政法大学出版社，2001。

张象枢：《环境经济学》，中国环境科学出版社，2001。

张英、成杰民、王晓凤、鲁成秀、贺志鹏：《生态产品市场化实现路径及二元价格体系》，《中国人口·资源与环境》2016年第3期。

张玉清：《河流功能区水污染物容量总量控制的原理和方法》，中国环境科学出版社，2001。

周宏春：《自然资源产权更加明晰 生态环境明确谁来监管》，《中国生态文明》2018年第2期。

左正强：《我国环境资源产权制度构建研究》，博士学位论文，西南财经大学，2009。

二 英文文献

Anderson, Terry L., and Danald R. Leal, *Free Market Environmentalism*, San Fransisco: Pacific Research Institute for Public Policy, 1991.

Bromley, D., "Property Relations and Economic Development: The Other Land Reform," *World Development* 17 (1989): 867–877.

Coase, R. H., "The Problem of Social Cost," *Journal of Law and Economics*, No. 3, 1960.

Cramton, P., and S. Kerr, "Tradeable Carbon Permit Auctions: How and Why to Auction, Not Grandfather," *Energy Policy* 30 (2002): 333–345.

Dales, J. H., *Pollution, Property and Prices*, University of Toronto Press, 1968.

Fisher, L., *Elementary Principles of Economics*, New York: Macmillan, 1923.

Godby, R., "Market Power in Laboratory Emission Permit Markets,"

Environmental and Resource Economics 23 (2002): 279–318.

Hahn, R. W., "Market Power and Transferable Property Rights," *Quarterly Journal of Economics* 99 (1984): 753–765.

Krutilla, John V., "Conservation Reconsidered," *American Economic Review* 57 (1967): 777–786.

McKean, M., "Success on the Commons: A Comparative Examination of Institutions for Common Property Resource Management," *Journal of Theoretical Politics* 43 (1992): 247–281.

Montgomery, W. D., "Markets in Licenses and Efficient Pollution Control Programs," *Journal of Economic Theory* 1 (1972): 16–28.

Ostrom, E., *Governing the Commons: The Evolution of Institutions for Collective Action*, Cambridge University Press, 1990.

Simon, J. L., *The Ultimate Resource*, New Jersey: Princeton University Press, 1981.

Stavins, R. N., "Transaction Costs and Tradeable Permits," *Journal of Environmental Economics and Management* 29 (1995): 133–148.

Tietenberg, T. H., "Economic Instruments for Environmental Regulation," *Oxford Review of Economic Policy* 6 (1991): 125–178.

图书在版编目(CIP)数据

环境容量产权理论与应用／陈国兰著. -- 北京：社会科学文献出版社，2020.8
（云南省哲学社会科学创新团队成果文库）
ISBN 978-7-5201-4972-3

Ⅰ.①环… Ⅱ.①陈… Ⅲ.①环境容量-产权-研究-中国 Ⅳ.①X26

中国版本图书馆 CIP 数据核字（2019）第 110673 号

·云南省哲学社会科学创新团队成果文库·

环境容量产权理论与应用

著　者／陈国兰

出　版　人／谢寿光
责任编辑／袁卫华　孙以年

出　　版／社会科学文献出版社·人文分社（010）59367215
　　　　　地址：北京市北三环中路甲 29 号院华龙大厦　邮编：100029
　　　　　网址：www.ssap.com.cn

发　　行／市场营销中心（010）59367081　59367083
印　　装／三河市东方印刷有限公司

规　　格／开　本：787mm×1092mm　1/16
　　　　　印　张：12.25　字　数：180千字

版　　次／2020 年 8 月第 1 版　2020 年 8 月第 1 次印刷
书　　号／ISBN 978-7-5201-4972-3
定　　价／128.00 元

本书如有印装质量问题，请与读者服务中心（010-59367028）联系

▲ 版权所有 翻印必究